Yilin Classics

RACHEL CARSON

经/典/译/林

Silent Spring

寂静的春天

[美国] 蕾切尔·卡尔森 著

辛红娟 译

译林出版社

图书在版编目（CIP）数据

寂静的春天／（美）蕾切尔·卡尔森（Rachel Carson）著；辛红娟
译 . —南京：译林出版社，2018.6
（经典译林）
书名原文：Silent Spring
ISBN 978-7-5447-7343-0

I.①寂… II.①蕾… ②辛… III.①环境保护－普及读物 IV.①X–49

中国版本图书馆 CIP 数据核字（2018）第 074378 号

寂静的春天 [美国] 蕾切尔·卡尔森 ／ 著　辛红娟 ／ 译

责任编辑　陶泽慧
装帧设计　韦　枫
校　　对　张　堃
责任印制　单　莉

出版发行　译林出版社
地　　址　南京市湖南路 1 号 A 楼
邮　　箱　yilin@yilin.com
网　　址　www.yilin.com
市场热线　025-86633278
排　　版　南京展望文化发展有限公司
印　　刷　江苏凤凰盐城印刷有限公司
开　　本　880 毫米 × 1230 毫米　1/00
印　　张　8.25
插　　页　4
字　　数　184 千
版　　次　2018 年 6 月第 1 版　2018 年 6 月第 1 次印刷
书　　号　ISBN 978-7-5447-7343-0
定　　价　35.00 元

译　序

1907 年 5 月 27 日,蕾切尔·卡尔森出生在美国宾夕法尼亚州匹兹堡市附近的小镇斯普林代尔。母亲热爱自然运动和文学,对幼年的卡尔森产生了深远影响。童年时期,卡尔森开始对周围的野生动植物尤其是鸟类习性十分着迷,在写作方面也表现出过人的禀赋。1918 年 5 月,11 岁的卡尔森发表了处女作《战斗在云间》,获得当年的散文银奖。此后一年,卡尔森连续发表四篇作品,立下了成为作家的人生目标。1925 年,卡尔森以优异的成绩从高中毕业,考入宾夕法尼亚州女子学院(查塔姆学院的前身)。后来受到一位富有活力的动物学女教授的影响,卡尔森放弃主修的英国文学专业,投身当时颇有风险的生物学研究。这一改变不仅拓展了卡尔森的智识疆域,也让她获得了更多的写作素材。描绘和表现大自然的强韧、活力、能动性和适应性成为卡尔森一生最大的乐趣。

1932 年,卡尔森获得约翰·霍普金斯大学硕士学位,因家庭经济原因没能继续攻读博士学位,开始兼职为巴尔的摩渔业管理局的电台撰写海洋生物题材的广播稿,一年后被渔业管理局正式聘为中等水生物研究者,为该机构当时仅有的两名女性研究者之一。1941 年,卡尔森以发表在《大西洋月刊》上的一篇随笔为基础,写成《海风下》,书写准确深刻,文风优美精致,登上《纽约时报》畅销书排行榜,获得广泛的好评。1951 年,她的传世之作《海洋传》出版后引起轰动,荣获美国国家图书奖(非虚构类),后来被翻译成 32 种文字在世界各国出版发行。卡尔森受到来自各方面的赞誉，不仅因为她的专业科学知识和对广泛题材的整合，更因为她抒情而诗意的文学风格。《海洋传》及其后的热销书《海的边缘》，共同奠定了蕾切尔·卡尔森科学作家的地位。

1958 年 1 月，卡尔森收到朋友奥尔加·欧文斯·哈金斯发自马萨诸塞州的一封信。哈金斯在信中说，州政府启用飞机开展空中喷洒 DDT（有机氯类杀虫剂）的灭蚊行动，致使她与丈夫的私人禽鸟保护区中的许多鸟儿都死了。哈金斯给《波士顿先驱报》写了一封长信，又给卡尔森写了这封信，希望借助卡尔森的影响力，呼吁不要再发生此类喷洒事件。这封信成为卡尔森构思和创作《寂静的春天》的最初契机，她开始深入搜集和整理化学杀虫剂危害环境的证据和有关研究的文献。为了使论述观点和材料准确无误，卡尔森阅读了数千篇研究报告和文章，尽量客观地分析有关的科研成果，以防出现违背科学的描写；"她反复地推敲过《寂静的春天》中的每一个段落"，仔细核对过每一个事例、每一个数字，以免出现科学上的偏差。作为当时已经拥有世界影响力的科学家，卡尔森得到众多生物学家、化学家、病理学家和昆虫学家的帮助，得以用文学化的方式将其掌握的杀虫剂、除草剂过量使用，造成大量野生生物死亡的证据呈现出来。著作完成后，得到来自各个科学领域的 16 位专家的联名确认。

卡尔森以诗人的洞察力和敏感度，感知到恶化的生态环境给人类带来的灾难，以科学家和作家的双重身份，经过详细的调查研究，历时四年创作出被奉作生态文学"圣经"的《寂静的春天》。卡尔森擦亮修辞的武器，综合了大范围的调查，作品简洁而引人入胜，使得求真与务实成为全书的基调，呼吁人们行动起来保护环境。卡尔森将环境污染的结果与人类行为的事实联系起来，把环保问题提高到人类生存危机的高度，唤醒人们保护生态平衡。本书文笔精美优雅，是科普写作的典范，被人们认为用文字拯救了自然。

卡尔森秉持立真去伪的严谨科学态度，使用大量客观事实，系统、科学地论证了农药中致命的微量毒素，会通过食物链被一级一级放大，或经由风、雨水、河流、饮用水，最终抵达我们的身体；飞机喷洒的"杀虫剂"不仅铲除了害虫和杂草，毒死了无数昆虫、鸟类、鱼类，也直接威胁着人类，成为自然界的"杀生剂"。在写作过程中，卡尔森运用丰富翔实的资料，充分论证了人们为了追求浅近的物质利益滥用DDT所造成的残酷现实。卡尔森明确指出，杀虫剂残留会被土壤、水、植物、野生生物等构成的"生命之网"所放大，会对生命体和遗传物质造成危害，严重威胁着生命群落的存在，继续滥用必将导致未来某个时刻出现"寂静的春天"。

《寂静的春天》是荒野中的一声呐喊，引起了极大的震荡，作品在《纽约客》杂志上连载时就引发50多家报纸针对它发表社论和文章。1962年9月，霍顿·米夫林出版公司刊印出版《寂静的春天》，一年内就销了50万册。时任美国总统约翰·肯尼迪读过此书后，责成总统科学顾问委员会对书中提到的化学物质进行试验，以验证卡尔森的结论准确与否。该委员会后来发表在《科学》杂志上的报告，证实了卡尔森论题的正确性。《寂静的春天》中提出的警告，唤醒了广大民众，激发了一系列民众运动，迫使美国国内禁产DDT。因其对现代环境保护思想和观点的开创性贡献，卡尔森被盛誉为"现代环境运动之母"。

《寂静的春天》出版后在世界范围内产生广泛而深远的影响，先后被译成法文、德文、意大利文等数十种文字，激励着世界各国的环保立法。1972至1977年，《寂静的春天》陆续被译成中文，以章节的形式在《环境地质与健康》杂志上登载。1979年，科学出版社出版了吕瑞兰与李长生合作翻译的《寂静的春天》中文译本，截至目前已有 20 余种中文译本，引发了经久不衰的阅读与研究热潮。作为一部用文学形式写成的生态伦理学著作，优美的文学语言和灵活的写作风格给《寂静的春天》注入了独特的艺术魅力。

诚如美国前副总统阿尔·戈尔在《寂静的春天》"前言"中说："《寂静的春天》种下了新行动主义的种子，而后它成了一股有史以来最伟大的力量。"在春天，我们播下种子，生态理念的种子，期待来日绿树成荫……

辛红娟

于宁波大学

2018 年地球日

献给阿尔贝特·史怀哲

他曾说：

"人类已经失去了先见之明。

总有一天，他会摧毁整个地球。"

湖上的芦苇已经枯萎，

没有鸟儿在歌唱。

——济慈

　　我对人类非常悲观，我们太精于算计自己的利益。我们对待自然的办法是打击并使之屈服。如果我们不是如此多疑、专横，如果我们能调整好与所赖以生存的星球之间的关系，对之怀有感激之心，我们本可以拥有更好的生存机会。

——E. B. 怀特

CONTENTS · 目录

致　谢

　　1958 年 1 月,奥尔加·欧文斯·哈金斯来信说,周围的小环境了无生机,令她感到无比痛苦。这封信将我的注意力迅速拉回自己多年来一直关注的问题上。我意识到撰写本书已成当务之急。

　　此后数年,我得到过许多人的帮助与鼓励,在此恕不一一详举。来自美国国内外诸多政府机构、高校、研究院所的各行各业人士,他们毫无保留地与我分享自己多年来的经历和研究成果。对他们付出的时间和慷慨分享的见解,在此我谨致以最诚挚的感谢。

　　此外,我要特别感谢那些花时间阅读本书初稿章节,并根据各自的专业知识提出批评与建议的人。我对本书的准确性与可靠性负有最终责任。但没有如下专家的慷慨相助,我不可能完成书稿写作。他们是:梅奥医疗中心的医学博士 L. G. 巴塞洛缪,德克萨斯州立大学的约翰·J. 毕塞尔,西安大略大学的 A. W. A. 布朗,康涅狄格州韦斯特波特的医学博士莫顿·S. 比斯金德,荷兰植物保护局的 C. J. 布雷约,罗伯和贝茜·维尔德野生生物基金会的克拉伦斯·科塔姆,克利夫兰医学中心的医学博士小乔治·克瑞尔,康涅狄格州诺福克县的弗兰克·艾戈勒,梅奥医疗中心的医学博士马尔科姆·M. 哈格雷夫斯,美国国家癌症研究所的医学博士 W. C. 休珀,加拿大渔业研究委员会的 C. J. 克斯威尔,荒野保护协会的奥劳斯·穆里尔,加拿大农业部的 A. D. 匹科特,伊利诺伊州自然历史研究所的托马斯·G. 斯科特,塔夫脱卫生工程中心的克拉伦斯·塔兹韦尔和密歇根州立大学的乔治·J.华莱士。

任何一本以大量事实为依据的书，其作者都要借助于图书管理员的专业帮助。本书的写作尤其如此。我要感谢诸多图书管理员的帮助，尤其要感谢内政部图书馆的艾达·K.约翰斯顿和美国国立卫生研究院图书馆的西尔玛·罗宾逊。

对此书的编辑保罗·布鲁克斯，我永存感激。多年来，他始终如一地鼓励我，因我个人原因数次推迟出版计划，对此他从无抱怨。感谢他的宽容和卓越的编辑能力。

在繁杂的图书文献检索工作中，我得到多萝西·艾尔吉、珍妮·戴维斯和贝蒂·哈尼·达夫的鼎力相助。写作的过程充满了困难，没有艾达·斯普洛悉心帮我料理家务，我也不可能完成书稿写作。

最后，我还要感谢一些素未谋面的人。他们令本书的写作有了存在的价值。面对那些肆意毒害人类与其他生物共同家园的无良行径，他们挺身而出，开展无以计数的斗争。他们终将取得胜利，让世界恢复智识与判断力。

蕾切尔·卡尔森

第一章

明天的寓言

美国中部有一座小镇,那里一切生物都与周围环境和谐共生。小镇周围农场星罗棋布,生机盎然,农田里种着庄稼,山上长满果树。春天,一片片小花开满绿色的原野,仿佛白云飘浮其间。秋天,色彩斑斓的橡树、枫树和白桦树,映得松林像着了火一般。狐狸在山间叫着,小鹿悄无声息地穿过原野,在秋日的晨霭中时隐时现。

小路两旁长满月桂、荚蒾、赤杨、巨型蕨和野花,一年四季令人心旷神怡。即便冬天,路旁的景色依然迷人。数不清的鸟儿飞来此处,啄食雪地上的浆果和干草籽。实际上,这个地方因鸟类数量大、种类繁多而闻名。每年春秋两季候鸟迁徙的时候,远近的人们纷纷赶来观赏。清冽的溪水从山间流出,蓄积成一个个小池塘,绿树掩映,鳟鱼肥美,不少人来溪畔垂钓。自从第一批居民来到此处,筑房、凿井、建粮仓,这样的生活景象已经维系了许多年。

取而代之的是一连串毁灭事件,一切都变了。这里像遭了魔咒:神秘疫病横扫鸡群,牛羊患病、死亡。到处笼罩着死亡的阴影。农民家中谈论最多的就是各种疾病。小镇医生被各种新病症弄得焦头烂额。若干起大人小

孩离奇死亡的事件,有些孩子在玩耍时突然染病,几小时就死了。

一种奇怪的寂静笼罩着小镇。鸟儿不知道飞到哪里去了,许多人谈起鸟儿时感到困惑、不安。后园里的饲食器不再有鸟儿光顾。见到的少数几只鸟大多气息奄奄,浑身不停颤抖,飞不起来。春天变得无声无息。从前,知更鸟、猫鸟、鸽子、松鸦、鹪鹩和其他几十种鸟类从黎明就开始和声鸣唱,现在却寂然无声。寂静笼罩着田野、树林和沼泽地。

农场里的母鸡照例孵窝,却孵不出小鸡。农民们抱怨猪也没法养了——新出生的猪崽儿很小,养活不了几天。苹果树照例会开花,却没有蜜蜂在花间飞舞,没有授粉也就结不出苹果。

一度令人赏心悦目的小路两旁,如今只剩下枯萎的褐色草木,像被大火烧过一样。路旁一片寂静,全无生命迹象。小溪也失去了生机。鱼早已绝迹,垂钓者不再光顾。

屋檐下的排雨槽和房顶瓦片中间,残留着斑斑驳驳的白色颗粒状粉末。几个星期前,这些粉末像雪花一样洒落在房顶、草地、田野和小溪。

那不是巫术,也不是敌人的毁灭行动,是人类自己对这片土地施以毒手,扼杀了这里的新生命。

现实生活中并没有这样一座小镇,但在美国或世界其他地方,也许存在着千百座类似的小镇。我知道,没有哪座小镇遭受过我描述的全部灾祸。然而,上述某种灾祸确实在一些地方出现,造成了严重损失。可怕的幽灵悄无声息地向我们迫近,想象中的悲剧很可能成为活生生的现实。

是什么让无数美国小镇的春天寂然无声?本书尝试着给出答案。

第二章

忍耐的义务

一部地球生物史就是地球生物及其周围环境相互作用的历史。地球上动植物的自然形态和生物习性很大程度上由环境塑造而成。在地球的时间长河里,生物体对环境的反作用相对较小。反而在以 20 世纪为代表的这段时间里,情况发生了变化。地球上的一个物种——人类,具有了改变自然的异常能力。

过去二十五年来,人类改变自然的能力不仅发展到令人担忧的程度,其性质也发生了根本变化。人类向空气、土地、河流与海洋中排放了大量危险的,甚至剧毒的污染物,对环境造成了巨大的伤害。这种污染在很大程度上无法挽回,其所引发的恶性连锁反应也不可逆转。滋养万物的地球和地球生物都在这一链条上。在当今全球性环境污染中,化学药品的危害堪比辐射,改变着自然界,也改变着自然界生物的本质,而这一点却鲜为人知。核爆炸产物锶-90 会随着雨水或放射尘落在地球表面,渗入土壤,被草、玉米、小麦等吸收,最终侵入人体骨骼,直至生命体死亡。同样,喷洒在农田、森林或花园中的化学农药也会长期积存在土壤中,侵入生物机体,在生物链中迁移,进而引发一系列中毒和死亡;抑或这些化学农药随着地下水神出鬼没地

转移,流出地面时,在空气和阳光的共同作用下合成新的物质,对动植物造成危害,同时也对饮用地下水的人造成难以察觉的危害。正如德国哲学家阿尔贝特·史怀哲所说:"人类最难辨认的是自己创造出来的恶魔。"

经过亿万年的演变,才有了如今地球上的生物——在无垠的时间长河中,生命体不断发展、进化和演变,终于达到与环境相适应的平衡状态。环境中有利与有害因素并存,严格塑造并影响着生存其间的生命体。岩石会释放危险射线,万物汲取能量的太阳光中也含有危害性短波辐射。地球上的生物体进行自然调节,以达到平衡状态,这个过程并非一蹴而就,需要千万年的光景才能达到。时间是最关键的要素,然而现代社会却等不及这样的时间。

急剧出现的变化和诸多新情况,折射出人类的鲁莽与急功近利,大自然已经无法从容做出调整。放射线不再局限于岩石、宇宙和太阳紫外线等早在地球生物之前就已存在的天然本底辐射,还包括人们对原子进行干预,人为制造出来的射线。生命体需要调整并适应的化学物质不再局限于从岩石上冲刷下来,经河流带入大海的钙、硅、铜和其他无机物;还有人类运用创造性思维在实验室里发明出来的人工合成物,这些合成物在自然界中并没有对应物。

就自然发展的过程而言,调整并适应这些化学物质需要时间,不是几年、几十年的时间,而是几代人的时间。然而,若非某种奇迹出现,即便耗费几代人的时间,一切也都枉然。新的化学物质从实验室源源不断地生产出来,仅美国每一年就有500多种新化学物质投入使用。这个数字令人震惊,后果难以估测——人和动物体内每年需要适应500种新化学药品,500种完全超出生物体验极限的化学物质!

其中很多种化学物质用于人类对抗自然的斗争。20 世纪 40 年代中期以来,人们研制了 200 多种基础化学药品,用于消灭昆虫、杂草、啮齿类动物及其他现代人称作"害虫"的生物;这些化学药品被冠以数千种不同的商品名称售卖。

现在,农场、果园、森林和家庭普遍使用农药喷剂、粉剂和气雾剂,这些未经筛选的化学药品威力强大,可以杀死各种益虫和害虫;能够使鸟儿不再歌唱,鱼儿不再腾跃;给树叶涂上一层致命的毒膜;最终滞留在土壤中。凡此种种,初衷竟然只是为了除掉一小部分杂草或昆虫。海量的毒药洒向地球表面,而不会给地球生物带来危害,这样的说辞谁会相信?它们不应该叫作"杀虫剂",而应该叫作"杀生剂"。

施用杀虫剂的整个过程呈螺旋递升态势。DDT 获准民用,开启了这个恶性升级的过程:人们不断地致力于找到毒性更强的物质。之所以如此,是因为昆虫进化出对人类所用杀虫剂的抗药性,而这也成功印证了达尔文"适者生存"的理论。于是,人类只好研发一种又一种更加致命的毒药。之所以如此,也源于稍后要详细解释的另外一个原因,即在喷洒杀虫剂之后,害虫经常会卷土重来,数量甚至比喷洒之前更多。因此,这场化学药品的战争没有赢家,地球上一切生物都被卷入其中,无一幸免。

核战争会造成人类毁灭,我们这个时代的中心问题——地球环境污染也会招致人类灭亡。一些具有潜在危害的物质,积聚在动植物体内,甚至侵入生殖细胞,破坏或改变决定物种未来形态的遗传物质。

一些人类未来设计师期待有朝一日可以通过设计改变人类基因图谱。

然而,我们现在轻而易举就可以实现这个梦想,很多化学药品会像放射线一样导致基因突变。人类居然能够通过选择杀虫剂这种微不足道的小事决定自己的未来,真令人匪夷所思!

人类冒这么大的风险,目的到底是什么? 未来的历史学家会难以置信我们面对利弊选择时这种扭曲的判断力。聪明如人类,怎么可能为了控制一小撮不受欢迎的昆虫而选择污染整个环境,给自己招致疾病和死亡的威胁? 人类偏偏就这么做了! 而且,人类这么做的理由根本站不住脚。我们被告知必须大量喷施农药才能确保农业产量。然而,我们真正的问题难道不是"生产过剩"吗? 虽然我们采取措施减少耕地面积,给农民发放补贴让他们减少生产,农场作物产量依然大得惊人。仅 1962 年,美国纳税人就耗费 10 多亿美元用来解决过剩粮食的储存问题。现实情况则更甚,农业部某个部门试图减少耕地面积时,另一个部门往往会站出来反驳:"土地休耕补贴制减少耕地面积,常常会刺激人们使用化学药品,以提高现有耕地的最大亩产量。"(1958 年曾发生过类似情形。)

以上所述并不是说不存在害虫问题或无需防控害虫。我的意思是,防控必须立足现实,不能凭空臆测,而且防控的方法切不可将我们自己连同害虫一起消灭。

人类想要解决问题,却从一开始就造成了接连不断的灾难,这似乎成了现代生活方式的定势。早在人类出现之前,昆虫就已栖居在地球上——它们种类繁多,适应性极强。人类出现以后,高达 50 多万种的昆虫中仅有一小部分与人类利益发生冲突。冲突的方式主要有两种:一种是与人类抢夺食物,另一种是成为人类疾病的传播媒介。

人群密集的地方(尤其是爆发自然灾害、战争或极度贫穷,因而卫生条件恶劣的地区),携带疾病的昆虫往往非常棘手。遇到这种情况,有必要对昆虫采取防控措施。然而,我们也必须清醒地意识到,大量使用化学制剂,不仅防控效果非常有限,反而有可能使情况进一步恶化。

原始农业阶段,农民很少会有昆虫问题。随着农业集约化发展——在大面积土地上耕种单一作物,这些问题开始浮现出来。集约化生产导致单一种类的昆虫数量出现爆炸式激增。单一作物种植不符合自然生态规律,完全是农业工程师人为规划出来的东西。大自然孕育了多样化的景观,人类却热衷于将其简单化。这样一来,人类就破坏了自然界固有的制约与平衡。在自然机制下,物种得以控制在平衡范围内。自然平衡的一个重要方面就是限制每一个物种的适宜栖居范围。显而易见,一种主要以小麦为食的昆虫在大片麦田中的繁殖速度,要远远超过它在小麦与它不适应的其他作物混作地区的繁殖速度。

这种情况确实发生过。三十多年前,美国大城镇的街道两旁种满了榆树。现在,一种由甲虫携带的疾病侵袭所有榆树,人们满怀期待创造的美丽景观面临着彻底毁灭的威胁。如果这些榆树和其他多种树木混合栽种,甲虫肆意繁衍并广泛传播疾病的机会就会受到限制。

导致现代昆虫问题的另一个原因必须放到地质学和人类历史框架中考察:成千上万种不同种属的生物从原生地向新领地侵袭。英国生态学家查尔斯·埃尔顿在新著《入侵生态学》中对世界性迁徙进行了研究和生动的描绘。在亿万年前的白垩纪,洪水肆虐切断了各大洲之间的陆桥,许多生物

被困在埃尔顿所称"巨大的隔离性自然保留地"。因为与同类分隔,受困的物种进化出许许多多新物种。约 1 500 万年前,一些大陆板块得以重新连通,这些物种开始向新的区域迁移——这一运动不仅至今仍在持续,而且得到了人类的推波助澜。

动物总是随着植物徙移,植物进口因而成了现代跨物种传播的主要介质。卫生检疫只不过是最近才出现的新鲜事物,且不完全有效。仅美国植物引进署一个部门就从世界各地引进了约 20 万种植物。美国的 180 多种主要植物害虫中,近乎一半是从外国意外带进来的,其中大部分借由进口植物携带而入。

到了新的领地,失去原生地天敌的遏制,这些进口动植物迅速繁衍生殖。因此,最难以控制的昆虫都是那些外来物种。

这些由自然原因或人类推动造成的物种入侵,会永无休止地继续下去。检疫和大肆使用化学药物防控不过是耗费金钱赢取时间的手段。在埃尔顿博士看来,人类面临着"一场生与死的考量,需要的不仅仅是寻求遏制某种动植物数量的新技术手段",更需要具备动物繁衍的基础知识,了解它们与生存环境的关系,以此"促成平衡状态,遏制虫害的大规模爆发,防范新物种的入侵"。

我们对许多唾手可得的基础知识熟视无睹。高校培养生态学方面的人才,政府部门也聘任了不少生态学家,但我们很少听取他们的建议。我们任由致命的化学药剂像雨水一样洒落,仿佛除此之外别无他法。事实上存在许多行之有效的办法。只要有条件,人类的聪明才智一定能够发现更多有效的方法。

把劣质、有害的东西当作不可或缺之物，人类好像失去了优劣判断的意志与能力，我们这是鬼迷心窍了吗？正如生物学家保罗·谢帕德所说，这种想法"将濒临破坏的人类环境理想化……我们为什么要忍受食物中的微量毒素，忍受了无生机的环境？我们为什么要忍受非敌却也非友的生物，忍受令人发狂的马达轰鸣声？一个还不完全致命的世界，我们难道就应该满足于生活其间吗？"

然而这样的世界正在向我们迫近。通过化学遏制手段打造一个没有昆虫的世界的想法，激起了众多专家和所谓害虫防控机构的狂热。各方面证据显示，那些热衷喷洒农药的个人和机构在滥用职权。康涅狄格州昆虫学家尼里·特纳说："管理机构的昆虫学家……集检察官、法官、陪审团、估税员、收税员和行政司法长官等多重职能于一身，推行自己发布的命令。"州政府和联邦政府竟然放任这种滥用职权的做法。

我并非主张绝对禁用化学杀虫剂。但我认为，我们把威力强大的有毒化学药品不加区分地交到对其潜在危害完全无知的人手中。在未经民众同意甚至在他们毫不知情的情况下，迫使他们接触有毒农药。如果《权利法案》中没有规定"保证公民免受个人或政府官员施用有毒农药伤害的权利"，那只是因为我们的前辈虽有卓识远见，却无法预见这样的问题。

此外，我还要指出，我们几乎没有调查过这些化学药品对土壤、水、野生动植物以及人类自身的危害，就允许其投入使用。自然界滋养万物，我们却缺乏对它的整体关切，子孙后代一定不会原谅我们的这种行为。

人们对危害的本质认识仍然十分有限。这是一个"专家"盛行的时代，每位专家都只关注自己专业领域的问题，意识不到或不愿意将之放到更大

的框架中予以思考。这也是一个工业主宰一切的时代,只要能赚到钱,无论付出什么样的代价都罕遭质疑。当民众对杀虫剂带来的显著危害发起抗议时,他们就用一些半真半假的话术进行欺瞒。我们迫切需要停止虚假的安慰和企图为丑恶事实包裹糖衣的做法。广大民众正承受着杀虫剂带来的风险。民众必须做出决定,是否愿意在这条路上继续走下去,而只有掌握了全部真相,他们才能够做出正确决定。正如法国生物学家、道德学者让·罗斯丹所言:"我们有忍耐的义务,也有知道真相的权利。"

第三章

死神的特效药

每个人从在母体里孕育开始到死亡，都不得不接触各种危险化学药物，这种情形在历史上从未出现过。人工合成杀虫剂投入使用不到二十年就已无处不在，全面影响着有生命和无生命的自然世界。各大水系，甚至连看不见的地下水中都有它们的踪迹。十多年前用过的化学药品仍然残留在土壤里。杀虫剂残留进入了鱼类、鸟类、爬行动物、家养动物和野生动物体内。科学家的动物实验表明，没有动物能够幸免。偏远山间湖泊里的鱼类，土壤里蠕动的蚯蚓，鸟蛋，甚至人体内都发现此类药物残留。如今，这些化学药物残留在各个年龄层次的人体内部，母乳中有，未出生婴儿的组织里很可能也有。

所有这一切都归咎于生产具有杀虫特性的人造（合成）化学药品产业的崛起与快速发展。该产业是第二次世界大战的衍生物。人们在研发化学武器的过程中发现实验室里研制的一些化学药品能够杀死昆虫。这一发现并非偶然，因为昆虫一度被广泛用来测试化学武器对人类的杀伤力。

实验室里的这一发现直接导致了合成杀虫剂源源不断地问世。这些人

工合成杀虫剂通过精微地操控分子、替换原子、改变序列而成,与第二次世界大战前的简单杀虫剂完全不同。战前杀虫剂提取自天然矿物质和植物生成物:前者包括砷、铜、铅、锰、锌及其他矿物质的化合物,后者则包括干菊花制成的除虫菊、烟草及同属植物中提取的硫酸烟精和东印度群岛豆科植物中的鱼藤酮等。

新的合成杀虫剂生物效能强大,与传统产品大不一样。这些杀虫剂威力强大,不仅具有毒杀功效,还会参与机体最重要的生命进程,令其发生致命性改变。因此,正如我们会看到的那样,它们会破坏保护身体免受伤害的酶,阻碍身体获得能量的氧化作用进程,妨碍诸多器官正常工作,而且还可能引起一些细胞发生缓慢却不可逆的变化并进而导致恶变。

然而,每年都会有杀伤威力更强大的新化学药品问世,发挥新用途并影响到世界的每个角落。1947 至 1960 年,美国合成杀虫剂产量增长 5 倍多,从 124 259 000 磅飙升至 637 666 000 磅,批发销售额达 2.5 亿余美元。但就化工产业的宏伟规划而言,这一切仅仅是个开始。

因此,一本杀虫剂名录对我们来说十分有必要。如果我们注定要与这些化学药品亲密相伴,通过吃、喝将食物中的化学药品带入骨髓,我们最好了解这些化学药品的属性和威力。

尽管第二次世界大战成为杀虫剂由无机化学制品转向奇妙碳分子世界的分界点,一些旧材料仍未退出历史舞台。砷就是其中一种,它仍然是很多除草剂和杀虫剂的基本成分。砷是一种剧毒无机物,大量存在于各种金属矿石中,火山、海洋和泉水中也有少许存在。砷对人类的影响时间长,影响方式各异。由于砷合成的许多物质无味，早在波吉亚剧毒世家①之前，砷就一直是行凶谋杀的首选之物。近两百年前，有位英国医生发现，烟囱烟灰里的砷与芳香烃化合而成的物质能够致癌。长期以来，群体性慢性砷中毒事件屡有发生。砷污染环境，也引发马、牛、羊、猪、鹿、鱼、蜂等动物中毒死亡。尽管有此类记录，砷喷雾剂和砷粉剂仍被广泛使用。美国南部棉花产区喷洒砷之后，蜜蜂养殖业难以为继。长期使用砷粉剂的农民遭受慢性砷中毒。含砷的除草剂、杀虫剂会导致牲畜中毒。蓝莓种植园的砷粉剂飘浮到邻近农场，污染溪水，给蜜蜂和母牛造成致命毒害，进而引发人类中毒。美国国家癌症研究所环境致癌研究权威 W. C. 休珀博士指出："……美国近年来在处理含砷化合物问题上完全漠视公众健康，这种做法恶劣至极。任何看过施洒砷杀虫喷剂和粉剂的人，一定都忘不了那种剧毒物质的喷洒作业方式。"

较之砷合成制剂，现代杀虫剂毒性更甚。绝大多数现代杀虫剂归属两大类：一类是以 DDT 为代表的氯代烃杀虫剂，另一类是以人们较熟悉的马拉硫磷和对硫磷为代表的有机磷杀虫剂。我们在前文已经提及，这两类杀虫剂具有一个共同点：它们的基本成分都是生物界不可或缺的碳原子，因此被称作"有机物"。要了解现代杀虫剂，我们必须弄清其组成成分，弄清

① 波吉亚剧毒世家（the Borgias），15、16 世纪影响整个欧洲的西班牙裔意大利贵族家庭，因善于施用毒药而臭名昭著。所谓"波吉亚的毒药"是一种名为"坎特雷拉"的无色无味白色粉末，这种粉末并不当场生效，而是缓慢地置人于死地，可以加入任何菜肴或酒水中不被发现，一般认为这种神秘毒药就是砒霜。——本书脚注均为译注，下同

其与生物的基础化学有关,却成为生物体致死物质的蜕变方式。

碳元素是生物体最基本的元素,其原子可以任意地以链、环或其他结构方式组合在一起,也可以与其他物质的原子结合。实际上,从细菌到巨大的蓝鲸,生物界如此丰富的物种多样性很大程度上取决于碳的这种特性。脂肪分子、碳水化合物、酶和维生素的基本成分是碳原子,蛋白质分子的基本成分也是碳原子。碳并非生命物质专属,也是大量非生物的基本成分。

一些有机化合物只是简单的碳氢组合。其中最简单的是甲烷(也称"沼气"),由自然界中的细菌在水下分解有机物而成。与一定比例的空气混合,甲烷会变成煤矿中可怕的"瓦斯"。甲烷结构极其简单,由一个碳原子和四个氢原子组成:

$$\begin{array}{ccc} H & & H \\ & C & \\ H & & H \end{array}$$

化学家们发现,可以去掉其中一个或全部氢原子,用其他元素进行替换。例如,用一个氯原子替换一个氢原子,可以生成氯甲烷:

$$\begin{array}{ccc} H & & Cl \\ & C & \\ H & & H \end{array}$$

将三个氢原子替换成氯原子,可以生成氯仿:

$$\begin{array}{ccc} H & & Cl \\ & C & \\ Cl & & Cl \end{array}$$

把所有氢原子都替换成氯原子,能够生成最常见的清洗剂——四氯化碳:

$$\begin{matrix} Cl & & Cl \\ & C & \\ Cl & & Cl \end{matrix}$$

　　用最简单的话来说,围绕甲烷分子的这些变化大致表明了氯代烃的构成,但还远远不能解释烃的真正复杂性,也不能代表有机化学家创造各种材料的丰富手段。除单一碳原子的甲烷外,他们还可以改变由多个碳原子组成的碳水化合物分子。这些碳原子呈环状或链状,还有侧链和分支。连在化学键上的不仅仅有氢原子或氯原子,还有各种化学群。一些看似细微的变化,足以完全改变物质的特性。碳原子上的元素附着种类、附着位置都至关重要。如此精微操控的结果催生了大量具有超绝杀伤力的毒药。

　　1874 年,奥地利化学家蔡德勒在攻读博士阶段率先合成了 DDT[①],但直到 1939 年人们才发现其作为杀虫剂的性能。旋即,DDT 被赞誉为虫媒传染病的终结者,能够帮助农民在一夜之间战胜庄稼病虫害。瑞士化学家保罗·米勒因发现 DDT 的杀虫功效而被授予诺贝尔医学奖[②]。

　　现在,DDT 被广泛使用,多数人将之视为没多大害处的日常用品。也

---

　　① 又叫滴滴涕、二二三,化学名为双对氯苯基三氯乙烷,中文名称从英文名称的首字母缩写 DDT 而来。

　　② 1948 年,诺贝尔医学奖授予瑞士化学家保罗·米勒。然而,随着 DDT 的广泛使用,人们渐渐发现这种剧毒杀虫剂带给地球的不是福音而是灾难。对于 1948 年诺贝尔医学奖的评选与颁发,瑞典有关方面一直保持沉默。直到 1997 年,瑞典卡罗林斯卡医学院的评委会才公开表示,为将 1948 年的诺贝尔医学奖授予 DDT 的发明者而感到羞愧。他们表示,在今后的评奖中,应把诺贝尔奖颁发给那些经得起实践检验的发明创造以及那些没有争议的发明和成果。

许,造成"DDT 无毒无害"神话的事实依据源自其最初的一种用途:战时为了消灭虱子,在成千上万的士兵、难民和俘虏身上喷洒 DDT 粉剂。于是,人们普遍认为,既然这么多人与 DDT 亲密接触过却没产生直接危害,这种化学药品一定无毒无害。这一误解的根源在于,与其他氯代烃类物质不同,粉状 DDT 不容易透过皮肤吸收。而 DDT 溶于油剂使用时则绝对致毒。吞食后会通过消化道被慢慢吸收,也会被肺部吸收。一旦进入人体,DDT 就会大量贮存在肾上腺、睾丸和甲状腺等富含脂肪的器官内(DDT 本身是脂溶性的),还有相当多一部分积存在肝脏、肾脏以及包裹在肠道周围起保护作用的、肥大的肠系膜脂肪中。

人体内的 DDT 积存过程始于我们能够想象的最小摄入量(以化学残留形式存在于大部分食物中),最后往往会达到非常高的积存量值。富含脂肪的体内脏器起到生物放大器的作用,以至于饮食中 0.1 ppm① 的微小摄入量会导致体内 10—15 ppm 的蓄积,增长 100 余倍。此类参考数据对化学家或药理学家来说很寻常,但我们大多数人却并不熟悉。1 ppm 听起来是个很小的数值——事实也的确如此。但这些物质的药效非常强大,极微量的摄入都会给身体带来巨大的变化。动物实验表明,3 ppm 的 DDT 药量就能抑制心肌内一种主要酶的活动;5 ppm 的药量就会造成肝细胞坏死或衰变;DDT 同族化学药品狄氏剂和氯丹仅需 2.5 ppm 的用量,也会造成同样的后果。

---

① ppm(parts per million)浓度是用溶质质量占全部溶液质量的百万分比来表示的浓度,也称百万分比浓度,1 ppm = 0.000 1%。该单位通常用于浓度很小的场合,与之相似的还有下文会提及的 ppb(parts per billion),即十亿分比浓度。

上述说法并不难于理解。在人体的正常化学反应中,确实存在这样悬殊的因果关系。比如,仅 0.000 2 克的碘就足以成为健康与疾病的分水岭。这些微量杀虫剂在人体内不断积存,却只能极其缓慢地排泄出去,所以慢性中毒以及肝脏和其他器官退行性病变的威胁并非危言耸听。

科学家们尚未就人体内 DDT 贮存极限量值达成一致意见。美国食品药物管理局首席药理学专家阿诺德·莱曼博士认为,人体内吸收和贮存 DDT 的量值既没有上限也不存在下限。然而,美国公共卫生署的韦兰·海斯博士坚持认为,每个人体内都有一个摄入平衡量值,超出此量值的 DDT 会被排出体外。就现实情况而言,这两种观点孰是孰非并不十分重要。我们对人体内实际积存的 DDT 有过详细调查,结果显示普通常人体内的 DDT 积存都会造成潜在危害。很多研究表明,没有明确 DDT 接触史的普通人(饮食中不可避免的残留物除外)体内平均积存量为 5.3—7.4 ppm;农业工人体内积存量为 17.1 ppm;杀虫剂制药厂工人体内积存量则高达 648 ppm!可见,现有研究已证明人体内 DDT 积存量值浮动区间巨大。但更为重要的是,研究同时发现人体内最小的 DDT 积存量都足以损害肝脏与其他器官或组织。

DDT 及其同族化学药品最具危害的特征之一是,它们通过食物链的每一个环节从一种有机体传到另一种有机体。比如,人们在苜蓿田里施洒 DDT 粉剂,然后用苜蓿作饲食喂鸡,鸡产下的蛋中也会含有 DDT。又比如,用 DDT 残留量为 7—8 ppm 的干草饲喂奶牛,所产牛奶中 DDT 含量为 3 ppm,用此牛奶制成的黄油 DDT 浓度却高达 65 ppm。通过这样的传递过程,初时极微小的 DDT 含量,最终可能会导致非常高的浓度。食品药物管

理局明确禁止含杀虫剂残留的牛奶进入州际贸易,然而现实却是,农民很难找到没被污染的草料来喂饲奶牛。

毒素还可能从母亲传递给下一代。食品药物管理局的科学家从人类母乳抽样中检测到杀虫剂残留,这意味着母乳喂养的婴儿体内持续不断地吸入微量有毒化学物质。然而,这绝非婴儿第一次接触有毒物质。我们有理由相信,其在胚胎时期就开始接触到毒素。动物实验表明,氯代烃类杀虫剂可以轻松突破母体内隔离胚胎与有害物质的天然防护物——胎盘。婴儿通过这种传递方式吸收到的毒素虽然极小,却不可等闲视之,因为婴幼儿对毒性比成年人敏感得多。这就意味着,当今时代普通人体内从生命孕育之初就开始不断积存化学药品残留物。

面对所有这些事实——毒素的微量积存、持续累积与日常饮食所含残留物导致的各种程度肝脏损伤——美国食品药物管理局的科学家们在1950 年宣布:"DDT 的潜在危害很可能一直被低估了。"医学史上从未出现过类似情况。没有人能够预知最终的结果。

另一种氯代烃氯丹,除了具有 DDT 的所有可怕特征,还具有其自身的诸多属性。其残留物质会长期滞留在土壤、食物或施用过药剂的物体表面。对人体而言,氯丹可以说是无孔不入:它能通过皮肤被吸收,氯丹喷剂或粉尘也能被呼吸道吸入,当然,吞食后的氯丹残留物也会被消化道吸收。与其他氯代烃类合成物一样,氯丹残留物会在生物体内不断累积。如果食物中含有 2.5 ppm 的氯丹,实验动物脂肪中残留物积存量很可能高达 75 ppm。

1950 年,资深药理学专家莱曼指出,氯丹是"毒性最强的杀虫剂之一,任何人只要接触过就会中毒"。然而,郊区居民毫无顾忌地施用含氯丹的杀虫剂治理草坪,据此可知,莱曼的警告并未被人们放在心上。施药居民没有立刻中毒这一事实本身并不能说明什么,因为毒素会在体内潜伏很长时间,几个月或几年后毫无征兆地发病,届时已经很难查出真正的病因。但有些时候,中毒致死过程会非常短暂。一位受害者不慎将浓度为25%的工业溶液溅到皮肤上,不到40分钟就出现了中毒症状,没来得及接受救治就死了。正是由于人们没有预先警惕氯丹的毒性,才导致错失了抢救的机会。

七氯是氯丹的一个成分,在市场上作为单独药剂出售。其在脂肪中储存的能力特别强。食物中只要含有0.1 ppm的七氯,体内就能够检测到残留物。它还具有一种奇特的能力,能够转化为一种化学性质完全不同的物质——环氧七氯。此种转化能够在土壤以及动植物的组织中完成。鸟类实验证明,转化生成的环氧七氯比原来的药物毒性更强,是氯丹毒性的4倍。

早在20世纪30年代中期,人们就发现一种特殊的烃类氯化萘能够导致因职业需要暴露于此物的人罹患肝炎和一种罕见的肝脏绝症。一些电气行业工人因此患病致死。最近,农业界人士发现,该物质还会导致牛患上奇怪的不明疾病。鉴于这些先例,氯化萘属的同族杀虫剂狄氏剂、艾氏剂和异狄氏剂,在所有烃类药品中毒性最强也就不足为奇了。

狄氏剂因德国化学家狄尔斯得名。如果被吞食,狄氏剂毒性是DDT的5倍;但如果其溶液被皮肤吸收,毒性则相当于DDT的40倍。狄氏剂因毒性发作快,对神经系统影响严重,导致患者浑身抽搐,令人谈之色变。狄氏剂中毒患者恢复非常缓慢,这也说明其危害的长期性。与其他氯代烃类化合物一样,狄氏剂的危害包括对肝脏的严重损伤。尽管会给野生动物带来

毁灭性灾难,但由于其药效持久、杀虫功效明显,狄氏剂现今仍是人们使用最多的杀虫剂之一。鹌鹑和野鸡实验证明,狄氏剂的毒性大约是 DDT 的 40 到 50 倍。

目前,人们尚不清楚狄氏剂是通过何种方式在体内贮存、分布或排泄的。化学家发明杀虫剂的才智远远超过人们对相关毒性影响生物体的认识水平。然而,种种迹象表明,狄氏剂像休眠火山一样长期积存在人体内,一旦身体面临生理压力需要消耗脂肪,体内储存的狄氏剂残留就会骤然爆发。我们在此方面的大部分知识来自世界卫生组织抗击疟疾的卓绝斗争。在用狄氏剂取代 DDT(因为疟蚊已对 DDT 产生抗药性)防控疟疾的工作中,一开始就发生过多起喷药人员中毒事件。事态十分严重——半数以上的中毒患者(不同项目中毒情况有差别)都出现抽搐症状,还有不少人死亡。有些人最后一次接触狄氏剂四个月后,还会出现浑身抽搐的症状。

艾氏剂是一种十分神奇的物质。虽然作为独立药剂存在,却与狄氏剂有着说不清的关联。我们发现,从喷洒过艾氏剂的田里拔出的胡萝卜中竟然含有狄氏剂残留。这种变化就发生在生物机体和土壤中。这一炼金术般的变化导致了许多错误报道。比如,开展艾氏剂施用后检测的化学家就会遭到蒙蔽,误以为艾氏剂残留全部消失了。事实上,药物残留依旧在那里,只不过化身为狄氏剂,因此需要不同的检测手段。

与狄氏剂一样,艾氏剂有剧毒,会引起肝脏和肾脏的退行性病变。一片阿司匹林大小的剂量就能毒死 400 多只鹌鹑。艾氏剂造成的人类中毒案例中大部分都与工业处理有关。

与大部分烃类杀虫剂一样,艾氏剂给未来投下一道恶毒的阴影——不孕症。野鸡吃下极微小剂量的艾氏剂后,虽不致死却减少产蛋,而好不容易孵出来的小鸡也会很快死掉。这种影响不仅仅局限于鸟类。接触过艾氏剂的母鼠怀孕次数减少,生下来的小老鼠也都病蔫蔫的活不长。艾氏剂中毒的母狗产下的狗崽不出三天就死了。由此看来,母体中的艾氏剂毒素通过这样或那样的方式严重影响下一代。没有人知道艾氏剂残留是否会给人类造成同样的影响,然而,这种剧毒化学物质早已通过飞机洒向郊区和农田。

异狄氏剂在氯代烃类农药中毒性最强。其化学构成与狄氏剂极为相近,但分子结构的一个细微变化使其毒性成为狄氏剂的5倍。跟异狄氏剂的毒性相比,杀虫药剂始祖DDT简直可以算作无害物质。异狄氏剂对哺乳动物、鱼类和一些鸟类的毒性分别是DDT的15倍、30倍和300倍。

使用异狄氏剂的十年来,大量鱼类被毒死,牲畜进入喷洒了异狄氏剂的果园会严重中毒,泉水遭严重污染。至少有一个州的卫生部门发出过严厉警告:随意使用异狄氏剂,危及人类生命!

在一起最悲惨的中毒事件中,异狄氏剂的使用并不"随意":喷洒前采取了所有可能的防护措施。一名一岁左右的美国小男孩随父母迁居委内瑞拉。他们的新房子里有很多蟑螂。几天后,家里就使用含有异狄氏剂的喷雾灭杀蟑螂。孩子和家里的小狗在上午九点喷药作业之前被带出门。喷药结束后,家里还清洗了各处地板。下午三四点钟,孩子和小狗被接回家。大约一个小时后,狗开始呕吐、抽搐,很快就死掉了。当天晚上十点钟,孩子也开始呕吐、抽搐,随后失去知觉。这个原本正常、健康的孩子的一生因异狄氏剂接触彻底改变了,成了看不见、听不见、肌肉频繁抽搐的植物人,对周围环境完全没有感知。在纽约的一家大医院治疗了几个月,孩子的情况丝毫

没有改变,也没有任何好转的迹象。主治医师说:"康复的希望非常渺茫。"

第二大类杀虫剂磷酸烷基酯或有机磷酸酯,是世界上毒性最强的化学药品。使用此类杀虫剂最主要、最明显的危害是:它造成喷洒农药的人,或意外接触过农药飘浮物、施受农药的植被和废弃农药包装罐的人急性中毒。佛罗里达州两名儿童发现一只空袋子,拿来修补秋千。没过多久,这两个孩子就死了,跟他们一起玩耍的三个小伙伴也患染疾病。这只袋子曾经装过一种磷酸酯类杀虫剂——对硫磷。检查结果证实死亡系对硫磷中毒所致。威斯康星州也有类似事件。一对表兄弟在同一天晚上离奇死亡,其中一个小男孩在自家院子里玩耍,他父亲在附近的马铃薯地里喷洒对硫磷,喷雾飘进了院子;另一个小男孩跟在父亲身后到仓库里嬉闹,用手摸过农药喷壶的喷嘴。

这些杀虫剂的起源大都具有讽刺意味。一些化学药品,诸如有机磷酸酯尽管久为人知,但其杀虫属性直到 20 世纪 30 年代末期才被德国化学家格哈德·施拉德发现。几乎在同一时间,德国政府发现这些化学药品具有与人类战争中的新型杀伤性武器同等的价值,因此秘密开展药品研制工作。一些用来制作灭绝性神经毒气,另一些有着相似结构的化学药品用来制作杀虫剂。

有机磷酸酯杀虫剂以一种奇特的方式作用于生物有机体,能够破坏生物机体内必不可少的酶。无论是昆虫还是恒温动物,其受害的靶向目标都是神经系统。正常情况下,神经脉冲借助一种叫作乙酰胆碱的"化学传导器"在神经间传递。乙酰胆碱是一种对机体起到重要作用后就会立刻消失的物质。实际上,乙酰胆碱的存在过程非常短暂,如不采取特殊操作步骤,医学研究人员很难在其被破坏之前进行抽样检测。这种传导物质的瞬时性是维持机体正常运行所必需的。如果一次神经脉冲通过后,乙酰胆碱没有被立即破坏掉,脉冲就会持续不断地沿着一根根神经掠过,乙酰胆碱就会以更加强化的方式发挥作用,从而导致整个运动系统错乱,出现颤抖、肌肉痉挛、浑身抽搐等症状,最终导致迅速死亡。

对于此类偶发的情况,自然机体做好了应对。当身体不再需要乙酰胆碱时,一种叫作胆碱酯酶的保护性酶可以随时将其破坏掉。从而使机体达到一种精确的平衡,体内的乙酰胆碱永远不会达到危险量值。然而,接触磷酸酯类杀虫剂会造成保护性酶遭破坏,酶数量减少,反过来会导致乙酰胆碱增加。论及对神经系统的危害,磷酸酯化合物与天然生物碱毒蕈碱相似,后者存在于一种叫作毒蝇伞的剧毒蘑菇中。

频繁接触此类有毒物质会降低胆碱酯酶的数量,并最终导致身体濒临急性中毒的界点。因此,对喷洒农药和频繁接触农药的人进行定期血液检查十分重要。

对硫磷是应用最广泛的有机磷酸酯之一,效果最强,危险性也最大。蜜蜂接触过对硫磷,中毒后会变得"狂躁、好斗",狂飞乱舞不到半小时就毙命了。一位化学家想通过最简单易行的方式研究致使人类中毒的剂量,于是吞下极其微量的对硫磷(仅相当于 0.004 24 盎司),随即全身瘫痪,还没有来得及服用手边备好的解药就死了。据说,芬兰现在不少想要自杀的人首选对硫磷。近几年,加州平均每年报道 200 多起对硫磷意外中毒事件。世界各地的对硫磷中毒死亡率都高得惊人。仅 1958 年,印度就有 100 起对硫

磷中毒死亡事件,叙利亚有 67 起。日本平均每年有 336 例死亡源于对硫磷中毒。

即便如此,美国现在还是通过手动喷雾器、电动鼓风机、喷粉器和飞机作业等方式将 700 万磅对硫磷洒向农田和果园。一位医学权威人士说,仅加州农田里施用的对硫磷就是"毒死全世界人口所需剂量的 5 到 10 倍"。

人类之所以能够幸免于灭绝,是因为对硫磷及其同族杀虫剂的分解速度相当快。与烃类杀虫剂相比,其在庄稼上的残留时间相对较短。然而,残留时间虽然短,也足以造成危害,并产生致命后果。在加州洛杉矶地区的河滨市,30 个采摘柑橘的人中有 11 人严重中毒,除一人外其他人全部被送往医院救治。他们的症状是非常典型的对硫磷中毒。柑橘园大约二十天前喷洒过对硫磷,其残留物在十六到十九天后依然导致采摘柑橘的人出现干呕、视力下降、半昏迷等中毒症状。这绝不是对硫磷残留时间最长的纪录。那些在采摘季开始前一个月喷洒对硫磷的柑橘园也发生过类似情况,施用标准喷洒剂量六个月后,柑橘皮中仍能发现对硫磷残留。

对硫磷给农田、果园和葡萄园里施用有机磷杀虫剂的工人造成极大的危害,使用此类杀虫剂的一些州纷纷创建实验室,帮助医生开展诊断与救治。医生处理中毒患者时如果不戴橡胶手套,很可能面临二次中毒的危险。给中毒患者清洗衣物的洗衣女工也可能因为吸收足量的对硫磷残留物而导致中毒。

另一种有机磷酸酯——马拉硫磷,像 DDT 一样家喻户晓,被广泛应用于园艺业、家庭防害和消灭蚊虫。剿杀佛罗里达州上百万英亩农田里肆虐的地中海果蝇,用的就是马拉硫磷。很多人认为马拉硫磷在同族杀虫剂中毒性最小，因此可以随意使用，无须担心，也不会有危害。商业广告滋长了人们的这种安心态度。

所谓的马拉硫磷"安全说"纯属臆断。当然，事情往往如此，某一化学药品使用几年后才会发现其毒性。马拉硫磷之所以"安全"，不过是因为哺乳动物的肝脏具有卓越的保护作用，能够使其相对无害。肝脏中的一种酶能够化解马拉硫磷毒性。但是，如果这种酶遭破坏或酶转化过程遭干扰，接触马拉硫磷的人就会将毒素全部吸收到体内。

不幸的是，几乎所有人随时都有可能碰上马拉硫磷。几年前，食品和药品监督管理局科学家团队发现，马拉硫磷和其他一些有机磷酸酯同时使用会产生剧毒——毒性是两者各自毒性相加的 50 倍。换句话说，两种化合物各取其致死剂量的 1%，混在一起就足以致命。

这一发现推动人们对其他化学物质组合进行检测。现在我们知道，很多有机磷酸酯混合物都极度危险，一旦混合其毒性就会"激增"。如果一种化合物破坏了能够化解另一种化合物毒性的肝脏酶，混合物的毒性就会激增。因此，不要同时混合施用两种杀虫剂！上述毒性激增的风险不仅威胁着这周喷洒一种农药、下周喷洒另一种农药的工人，也威胁着喷洒了混合农药的农产品消费者。一碗普通的沙拉就能够轻松促成多种有机磷酸酯的混合。果蔬上完全符合法定标准的残留物很可能互相作用从而引发中毒。

人们对化学药品混合作用产生的危险所知甚少，但科学实验室陆续发布的新发现着实令人不安。其中之一就是发现了一种有机磷酸酯的毒性能够被第二种物质（不一定是杀虫剂）增强。比如，在增强马拉硫磷毒性方

面,有一种增塑剂的效能远超杀虫剂,因为增塑剂抑制了通常用来拔掉杀虫剂"毒牙"的肝酶。

那么,其他化学药品在人体环境中情况如何?特别是具有麻醉效用的药物?对这一方面的研究刚刚起步,但我们已经知道,一些有机磷酸酯(对硫磷和马拉硫磷)会增强肌肉松弛剂的药物毒性,还有其他一些有机磷酸酯(仍然包括马拉硫磷)会明显延长巴比妥盐酸在体内的潜伏期。

希腊神话传说中的女魔法师美狄亚,因丈夫伊阿宋移情别恋怒火中烧,在婚礼上送给情敌一件魔法长袍。只要穿上这件长袍,人就会瞬间殒命。这种间接致死法与当今的"内吸杀虫剂"如出一辙。这些性能非凡的化学药品把植物或动物变成有毒的"美狄亚长袍",灭杀那些可能与之接触的昆虫,尤其是那些吸食汁液(血液)的昆虫。

内吸杀虫剂的世界神秘而可怕,远超格林兄弟的想象力,可能更接近于查尔斯·亚当斯的漫画世界。在内吸杀虫剂的世界里,童话里迷人的森林变成了有毒的森林,昆虫咀嚼了树叶或吸食了植物汁液就难逃死劫。在内吸杀虫剂的世界里,跳蚤在狗身上咬了一口就会死掉,因为狗的血液里有毒;昆虫死于从未触碰过的植物挥发物;蜜蜂采了有毒的花蜜回到蜂巢,随之酿出有毒的蜂蜜……

应用昆虫学领域的研究者发现,含有锡酸钠的土壤里种植的小麦对蚜虫和叶螨具有免疫力。研究者从大自然中获得启迪,因此催生了内吸杀虫剂梦想。由于世界上很多地方的岩石和土壤中都存在少量天然硒元素,硒因此被用作最早的内吸杀虫剂。

内吸杀虫剂之所谓"内吸"，是因为它具有渗透到动植物组织并使其中毒的能力。烃类和有机磷类合成化合物具有这样的属性，一些自然生成的物质也具备这一属性。实际上，由于有机磷类物质的残留问题相对较小，大多数内吸杀虫剂都从有机磷类化合物中提取。

内吸杀虫剂还以其他一些隐蔽的方式发挥效用。通过浸泡或与碳混合成包衣施用在种子上，药力会延伸到下一代植物中，其秧苗能够令蚜虫和其他吸食性昆虫中毒。豌豆、蚕豆和甜菜等蔬菜往往采取此类方法防虫。经内吸杀虫剂包衣处理的棉籽种植在加州盛行了一段时间。1959 年，加州圣华金河谷的 25 名棉农因搬运经过处置的棉籽袋而突发中毒。

在英国，有人想研究蜜蜂在内吸杀虫剂处理过的植物上采蜜会有什么结果，为此在喷洒过八甲磷的地区开展调查。虽然农药是在植物花蕾形成之前喷洒的，开花后分泌的花蜜仍然含毒。研究结果与预测相吻合：蜜蜂酿的蜜中也含有八甲磷残留。

动物内吸杀虫剂的使用主要集中在对牛皮蝇的防控上。牛皮蝇是一种寄生在家畜身上的害虫。想要在宿主血液和组织中产生杀虫效果而不对宿主产生毒性，必须极其小心才能精准地把握分寸。政府部门的兽医发现，重复性小剂量给药会逐渐耗尽动物体内保护性胆碱酯酶，极微小的过量给药都会导致宿主突发中毒。

种种迹象显示，与人类生活休戚相关的许多新领域正在被开发出来。据称，可以给狗喂食一粒药，使其血液中产生毒性，从而免除跳蚤叮咬。人们为防治牛皮蝇所采取的冒险办法应当也适用于犬类。到目前为止，似乎还没有人建议在人类身上使用内吸杀虫剂以彻底灭杀蚊子。也许这就是人

们下一步要做的。

本章至此一直讨论的是人类为对抗昆虫而使用的致命杀虫剂。人类对抗杂草的情形又如何呢?

渴望找到快速、便捷的方法除掉不想要的植株,驱动人们生产出大量种类繁多的除草剂(也叫除莠剂)。本书第六章将详细讲述除草剂的使用和滥用情况,此处我们关心的问题是:这些除草剂是否有毒? 使用除草剂是否会对环境造成污染?

除草剂只对植物有毒,对动物无毒的说辞广为流传。但非常不幸,事实绝非如此。除草剂包括种类繁多的化学药品,不仅对植物有药效,对动物组织也会产生危害。这些药物对有机体的影响千差万别。有些是一般性毒药;有些对代谢系统产生强烈刺激,导致体温异常增高;有些(单独或与其他药物化合)会引发恶性肿瘤;有些则造成基因突变、破坏遗传物质。可以说,除草剂跟杀虫剂一样,都含有一些高度危险的化学成分。以为除草剂"安全"就肆意滥用,会招致灾难性后果。

虽然化学实验室源源不断地推出各种新药,砷化合物仍然在杀虫剂(如上文所述)和除草剂中大量使用,通常以亚砷酸钠的形式出现。含砷化合物的使用历史令人难以释怀:用作路旁除草剂,不仅令农民痛失奶牛,也夺去无以计数的野生动物生命。用作除水草剂,污染湖泊、水库等公共水源,使其不再适宜饮用或游泳。用来除掉马铃薯地里的藤蔓,导致人类和其他生命死伤无数。

1951 年,由于以前用来烧除马铃薯藤蔓的硫磺酸短缺,英国用含砷除草剂取而代之。农业部采取了必要的警示,提醒人们不要冒险走进喷洒含砷除草剂的马铃薯地,然而牲畜看不懂警示(我们必须假设,野生动物和鸟类也看不懂)。于是,有关牲畜砷中毒的报道不时有闻。1959 年,一位农妇饮用砷污染的水中毒死亡之后,英国一家大型化学药品公司停止生产砷喷剂并召回已经售出的商品。旋即,农业部宣布由于含砷喷剂给人和牲畜造成极大风险,应严格限制使用。1961 年,澳大利亚政府颁布了类似禁令。然而,美国没有任何禁令限制这些毒药的使用。

一些二硝基化合物也被用作除草剂。它们皆是美国同类型药物中毒性最强的物质。二硝基酚是一种强效新陈代谢刺激物。正因如此,它曾一度被用作减肥药。但由于减肥所需摄入的剂量和可能引发中毒身亡的剂量之间界限甚微,数名减肥药使用者中毒丧命,还有不少使用者长期饱受病痛折磨,该减肥药后来被废止禁用。

二硝基的同属药物——五氯苯酚(有时也称"五氯酚")常被兼用作除草杀虫剂,喷洒在铁路道轨沿线和垃圾场。从细菌到人类,五氯酚对各种生命机体都有剧毒。与二硝基药物一样,五氯酚能够对机体内部的能量来源产生致命干扰,导致中毒机体能量耗竭而亡。最近,加州卫生部门报道的一起严重事故证明了五氯酚的可怕威力。一位油罐车司机将柴油和五氯苯酚混合,准备配制棉花脱叶剂。他从桶中向外倒浓缩化学溶液时,桶塞不慎跌入桶内。他裸手把塞子捞出来。尽管他立刻洗了手,但毒性骤然发作,第二天就死了。

亚砷酸钠或苯酚这类除草剂造成的危害十分明显,而其他一些除草剂的作用则隐蔽得多。比如,现在非常有名的蔓越莓除草剂氨基三唑,又名杀

草强,被认为毒性较低。但长期施用,其引发野生动物甲状腺癌的可能性十分明显,对人类也可能会造成同样的危害。

除草剂中有一类被标为"突变剂"的药物,具有改变基因的能力。放射性物质对基因造成的影响令我们惊恐,人类亲手在环境中广泛施洒具有同样危害的化学药物,我们怎能熟视无睹?

第四章

地表水与地下海洋

在所有自然资源中,水已经成为人类最宝贵的资源。现在,地球表面绝大部分都覆盖着海水。纵然如此,身处海洋包围的人类仍感觉水资源匮乏。这一悖论实则是由于地球表面大部分水资源的海盐含量非常高,不适宜于农业、工业或人类饮用。因而,世界上绝大部分人口正经受或面临着水资源匮乏的威胁。当今时代,人类忘记了自己的本源,对生存最基本的需求置若罔闻,水资源和其他资源因此成了人类冷漠行为的牺牲品。

只有放在人类整体环境污染的大框架中,才能更清楚地理解杀虫剂导致的水污染问题。进入人类的水系统并造成污染的物质来源很多:核反应堆、实验室、医院排放的放射性废物,核爆炸产生的放射性尘埃,城乡居民的生活垃圾,工厂排出的化学废弃物,等等。除此之外,还有一种新的飘散性物质:农田、花园、森林和田野里喷洒的各种农药喷剂。在这些骇人听闻的农药中,很多化学药剂的危害堪比,甚至远超放射性辐射。不仅如此,这些化学药品之间还存在着可怕的、不为人知的反应、转化以及叠加危害效应。

自从化学家开始生产非天然存在的化学物质,水净化问题就变得十分复杂,用水者的风险也随之增加。众所周知,合成化学药品的大规模生产始

于 20 世纪 40 年代。如今产量惊人,每天都有大量化学污染物如洪水一般涌入全国的水系统。这些化学污染物不可避免地与生活垃圾和其他废弃物混合在一起,极大挑战了净水厂通常使用的检测手段。大部分化学废弃物极其顽固,无法用常规手段分解。很多时候,将它们从其他废弃物中辨识出来都非常困难。河道中充斥着各种各样的污染物,混合而成的沉淀物被称为"糊状物质",令河道清淤工程师束手无策。麻省理工学院罗尔夫·埃利亚森教授曾在国会委员会的陈词中证明,环境工程师无法预测这些化学物质的混合效应,也不可能识别这些混合物生成的全新有机物质。他说:"我们根本不知道那是些什么东西,对人类有什么影响。我们完全一无所知。"

人类用来防控昆虫、啮齿类动物或杂草的各类化学药品不断促进这些有机污染物的生成。其中有些化学药品是专为水体设计的,用以消灭水中的植物、昆虫幼虫或不受欢迎的鱼类。有些污染物则来自森林农药喷施。为了杀灭某种昆虫,有的州对两三百万英亩森林进行全覆盖式农药喷洒,这些农药喷剂有的直接落入溪流,有的透过树叶间隙滴入森林土壤,随着土壤中的渗流水,开启流向大海的漫漫旅程。人们为防控农田害虫和啮齿类动物而喷施的千百万磅农药被雨水冲刷,大部分残留物加入流向海洋的运动。

随处都可以找到强有力的证据,显示我们的溪流甚至公共水源中存在大量化学药品残留。举个例子来说,人们从宾夕法尼亚州一处果园里采集了饮用水样本,在实验室里用鱼进行测试,结果发现取样水中含有大量杀虫剂残留。不到四个小时,实验室里的鱼就全部死光了。流经喷洒过农药的棉花田的溪水,即便经过净水处理,对鱼类依然具有致命毒性。因为流经喷洒过八氯莰烯(一种氯代烃,也称"毒杀芬")的农田,阿拉巴马州田纳西河十五条支流中的鱼全部中毒死亡,其中有两条支流为城市提供公共用水。然而,喷洒杀虫剂一周以后,河水里仍然含毒,因为河流下游水箱中养殖的金鱼每天都会死掉很多条。

此类化学污染基本上无法用肉眼看到,有时候用技术手段也检测不到,只有出现大量鱼类死亡事件,人们才会察觉。对这些有机污染物,致力于水资源保护的化学家既没有可以借助的常规检测手段,也没有根治的办法。但不管能不能够检测出来,杀虫剂就在那里,而且很可能与人类施洒向地表的大量其他物质一样,已经进入全国主要河系。

如果有人怀疑我们的水源几乎全部被杀虫剂污染这一事实,不妨建议他阅读一下美国鱼类及野生动物管理局在 1960 年发布的一篇报道。管理局开展了一项研究,调查鱼类体内是否会像恒温动物一样积存杀虫剂。第一批鱼类样本取自西部林区的一条河中,该林区曾为防控云杉食心虫而大范围喷洒过 DDT。不出所料,这些鱼体内全部含有 DDT!第二批鱼类样本取自离农药喷洒区 30 英里的一条偏远小溪中。对照两批样本结果,研究者有了非同寻常的发现。小溪位于第一条河的上游部分,两者之间隔着一道大瀑布。小溪所在地点从没有喷洒过农药。然而,小溪里的鱼体内也含有 DDT!化学药品难道会通过看不见的地下水道流入这条偏远的小溪?抑或是通过空气传播,飘入溪水中? 在另一项对比调查中,人们在孵化场的鱼类组织中也发现了 DDT,而该孵化场的水源来自深井。与小溪的情况一样,深井所在地附近也从未喷洒过农药。唯一可能的污染途径就是地下水。

在整个水污染问题上,大面积的地下水污染也许才是最令人不安的威胁。只要在任一处水域投入杀虫剂,所有水域的水都会受到威胁。大自然

无法在一个个独立的封闭空间中运行,在地球水资源配制上更做不到这一点。落到地面上的雨水穿过土壤和岩石的孔洞与缝隙,一直向下渗透、渗透,直至最后抵达岩壁里充满水的黑漆漆的地下海域。地下海洋形态随地表山峰、山谷的走势发生变化。地下水始终处于运动之中,有时速度非常慢,一年仅移动 15 米;有些时候速度比较快,一天可以移动约 160 米。地下水主要流经地下,偶尔会涌出地面形成泉水,或被引入井中。不过大部分情况下,地下水最终汇入小溪与河流。除了那些汇入河流的雨水和表面径流外,地球表面所有流动水都曾是地下水。所以,从非常实际且令人惶恐的意义上讲,污染地下水就污染了全世界的水。

科罗拉多州一家制药厂里的有毒化学物质想必是经过黑漆漆的地下海,到达几英里外的农场,污染水井,致使人畜患病,庄稼损毁。这种情况非常独特,但肯定不会是孤例。事件的过程大致如下:1943 年,建在丹佛附近的美国化学特种部队落基山兵工厂开始制造军需品。八年后,兵工厂的设备租赁给一家私人炼油公司生产杀虫剂。杀虫剂还没开始投产,离奇事件却接二连三地发生。离工厂几英里的农民申诉说,他们的牲畜因不明原因患病,庄稼大片大片损毁。树叶变黄,植物停止生长,很多农作物都死掉了。居民患病的事件频频发生,人们认为这些事件之间一定有关联。

这些农场的灌溉用水来源于浅层井水。1959 年,好几个州与联邦政府机构开展联合调查,在井水中检测到化学混合物。落基山兵工厂在此处制造军需品的那些年,曾将氯化物、氯酸盐、磷酸盐、氟化物和砷排放到专门的蓄水池。兵工厂和农田的地下水显然因此遭到污染。兵工厂的化学废弃物经过七八年时间,从蓄水池缓慢移动到三英里外最近的农场。这种渗漏仍在继续,受污染区域一时不会有确切的数字。调查研究者既不知道如何消除这种污染,也没有办法终止污染继续扩散。

这一切已经够糟糕的了,人们却又在兵工厂的水井和排污蓄水池中发现了2,4-D除草剂。在整个事件中,这一发现最令人匪夷所思,但从长远角度看来也最有研究价值。当然,发现了2,4-D除草剂的存在,使得用这些水灌溉的庄稼遭到的毁损有了合理的解释。可蹊跷的是,兵工厂运营期间从未生产过2,4-D除草剂。

派驻兵工厂调查的化学家经过长期、仔细的研究,断定2,4-D除草剂是露天蓄水池中自然形成的化合物,由兵工厂排放的数种废弃物化合而成。无需人类化学家的干预,贮存池遇到空气、水、阳光,自动变成了化学实验室,生产出一种新的化学物质,接触到它的大部分植物都会被杀死。

这样一来,发生在科罗拉多州农场里的事件以及被毁损的庄稼,就超出了地域边界,从而具有了普遍性意义。其他地方的情况怎么样?除了科罗拉多州,其他化学污染的公共水域情况怎么样?在世界各地的湖泊、溪流中,在空气和阳光的催化作用下,哪些原本"无害"的化学物质会催生出新的危险化学物质?

的确,水资源化学污染最令人害怕的一面就在于:河流、湖泊、水库,甚或佐餐时喝的一杯水中都将因此含有不明化学物质,而这些物质是任何有良知的化学家都不愿意发明的。自由混合到一处的化学物质很可能会发生化学反应,这一现象深深困扰着美国公共卫生署的行政官员。他们十分担心,相对无害的物质混合生成有害物质这类事情会大规模发生。

这种反应可能在两种或两种以上的化学物质之间发生，也可能在化学物质与日渐排放到河流中的放射性废弃物之间发生。在电离辐射的作用下，它们很容易发生原子重组，继而改变化学特性。这一切既无法预测，也不可控制。

当然，受污染的不仅是地下水，还有地表的流动水：小溪、河流、灌溉用水。发生在加州图里湖和南克拉马斯湖国家野生动物保护区的事情，为地表水遭受污染提供了可怕的例证。这两个保护区与俄勒冈州边界内的北克拉马斯湖保护区同属于一个大的保护区链。仿佛冥冥中的安排，这三个保护区共享同一个水源，相互连接。三个保护区被周围广袤的农田包围，俨然如点缀在绿色海洋上的小岛。农田系沼泽和开阔水域经排水和引流改造而成，过去曾是鸟类的天堂。

保护区周围所有农田的灌溉用水均来自北克拉马斯湖。灌溉后的水被泵抽到图里湖，接着由图里湖被泵抽到南克拉马斯湖。因此，图里湖、南克拉马斯湖国家野生动物保护区与两大水体共同构成了一个农业排水系统。记住这一点对理解接下来发生的事情非常重要。

1960年夏天，保护区工作人员在图里湖和南克拉马斯湖捡到几百只死亡或快要死亡的鸟。其中大部分是食鱼鸟类——鹭、鹈鹕、鸬鹚和鸥鸟。检测发现，这些鸟体内含有八氯莰烯、DDD和DDE等杀虫剂残留。湖里的鱼体内也发现了杀虫剂残留，浮游生物采样也含有杀虫剂。保护区管理人员认为，农田大量施用农药，灌溉用水回流，致使保护区湖水中杀虫剂残留急剧增加。

撇开保护区的最初设立目的落空不谈，自然保护区水资源污染令西部地区的猎鸭爱好者和珍爱此处美景的人感到痛心。水鸟鸣叫着掠过夜空，宛若空中飘浮的缎带，这样的美景一去不复返了。这两个野生动物保护区在保护西部水鸟方面有着极其重要的地位。它们所处的地理位置宛若漏斗的颈部，所有鸟类迁徙路线在此汇聚，形成著名的"太平洋迁徙线"。每到秋天的迁徙季节，西至白令海，东至哈德逊湾的栖息地会飞来数百万只野鸭和大雁——数量占该季节南迁到太平洋沿岸各州水鸟总数的3/4。夏天，水鸟喜欢来保护区栖聚，尤其是两大濒临灭绝的珍稀水鸟——美洲潜鸭和棕硬尾鸭①。如果这两个野生动物保护区的湖泊、池塘水资源遭受严重污染，对美国远西地区水鸟种群造成的伤害将无可挽回。

水促生了水族生物体之间无穷无尽的循环。大小如尘埃的浮游植物的绿色细胞、微小的水蚤、鱼类（以浮游生物为食，又会被其他鱼类或鸟类食吃）、水貂和浣熊都在这条生物链上。我们在考虑水资源的时候不能不把水族生物链纳入其中。我们知道，水中有用的矿物质会在食物链上一环一环进行传递。难道人类带入水中的毒素不会进入大自然的循环吗？

加州清水湖发生的怪事为我们提供了上述问题的答案。清水湖位于旧金山以北约90英里的山区，深受垂钓者喜爱。"清水湖"其实名不符实，湖水实际上相当浑浊，浅浅的湖底覆满黑色淤泥。对垂钓者和湖畔度假区居民来说非常不幸，湖水是小蚋虫（幽蚊属）的理想栖息地。蚋虫虽然与蚊子

① 两者都属于雁形目，鸭科，体型较小，全球濒危。美洲潜鸭（Redhead Duck），雄鸭外体似帆背潜鸭，头颈部红色，雌鸭外体呈褐色。棕硬尾鸭（Ruddy Duck），雄鸭在夏天繁殖期有鲜艳的淡红色羽毛，冬天浅褐色羽毛，雌鸭羽色单调，有一到两条贯脸纹，无论雌雄，平时尾羽都翘起。

极其相近,却并不靠吸血为生,成年蚋虫甚至可能完全不吃东西。蚋虫数量庞多,生活在这个地区的居民不堪其扰,尝试过很多种灭杀方法,收效都非常小。20世纪40年代出现的氯代烃类杀虫剂为居民提供了新式灭杀武器。人们决定选用DDD灭杀蚋虫。该杀虫剂与DDT非常接近,但对鱼类威胁显然小得多。

1949年,人们经过周密筹划,确信不会造成危害性后果才开始向湖水中投放DDD杀虫剂。人们事先对湖水进行了勘测,根据湖水水量确定杀虫剂配比为0.014 ppm。最初蚋虫基本灭杀殆尽,却在1954年卷土重来。这一次人们将农药配比提高到0.02 ppm,认为应当可以彻底灭杀。

但是当年刚入冬,就开始有迹象表明其他生物也受到了牵连:湖区的北美䴙䴘①开始死亡,很快就累积至一百多例。北美䴙䴘属繁殖鸟,受清水湖丰富的鱼类吸引,常在冬季飞来此处。这种水鸟外表华丽,习性优雅,多生活在加拿大和美国西部地区水域,在水边草丛中搭筑浮巢。北美䴙䴘有着洁白的脖颈,乌黑油亮的头冠,凫过湖面时不会带起一丝涟漪,素有"天鹅䴙䴘"的美称。刚孵出的雏鸟浑身长满灰色绒羽,出生几个小时后就可以下水游泳和自由活动,在亲鸟背上嬉戏,栖居在亲鸟的羽翼之下。

1957年,一度绝迹的蚋虫再次死灰复燃。这一次灭杀后,䴙䴘死亡数量远超上一次。跟1954年情况一样,死亡䴙䴘身上并未发现传染病。有人提议对䴙䴘体内脂肪组织进行化验,结果发现其脂肪中DDD含量竟然高达

---

① 北美䴙䴘(Western Grebe),是一种游禽,栖息于湖泊、水塘、水渠、池塘和沼泽地带,也见于水流缓慢的江河和沿海芦苇沼泽中,通常停留在加拿大不列颠哥伦比亚省和美国加州的草原湖泊,是一种肉食性水鸟,捕食昆虫、贝类、鱼类等。

1 600 ppm！

湖水中最大杀虫剂浓度为 0.02 ppm，鸊鷉体内怎么会有如此惊人的化学残留？鸊鷉主要以鱼、泥鳅、虾和昆虫等为食，人们检测了清水湖中的鱼，一切就都明白了——毒素被最小的有机体吸收、在体内积存，然后一级级传递给生物链上更大的食肉动物。检测发现，浮游生物体内杀虫剂残留为 5 ppm（是湖水中最高杀虫剂浓度的 250 倍），食草鱼体内残留从 40 ppm 到 300 ppm 不等，食肉鱼体内残留最高。云斑鮰①体内毒素含量可以飙升至 2 500 ppm。这简直是"杰克建房"②故事的翻版：大食肉动物吃小食肉动物，小食肉动物吃食草动物，食草动物吃浮游生物，浮游生物吸收湖水中的毒素。

后来的发现更加令人匪夷所思：最近投放过 DDD 的湖水中竟然测不到它的踪迹！真相是，毒素并没有真正从湖水中消失，只是进入了水族生物的机体中。施药停止 23 个月之后，浮游生物体内杀虫剂残留依然高达 5.3 ppm。在这将近两年的时间里，毒素虽然在湖水中销声匿迹，却在浮游植物的盛衰中代代相传，同时也存积在水族动物体内。施药停止一年以后，所有受测鱼类、鸟类和青蛙体内仍然存在 DDD 残留。这些水族动物体内

①　云斑鮰（Brown Bullhead），也称"褐首鲶"、"美国鮰"，从其英文名字可以看出，此鱼以头部大为明显特征。专家认为，鱼头中不饱和脂肪酸 DHA 和 EPA 含量均高于鱼肉，因而营养丰富深受人们喜爱，但鱼头血管丰富，是残留农药和其他有毒化学物的密集区，据有关研究资料表明，鱼头中农药残留量高于鱼肉 5 至 10 倍。

②　典出广为流传的英国古老童谣《这是杰克建的房子》（*This Is the House That Jack Built*），该童谣以"杰克建房子"为起点，展现一系列人和物形成的具象或抽象的连锁关系（如施动、因果和领属等），是现实生活中基本关系的写照。

DDD 残留量始终超出水中原始杀虫剂浓度许多倍。这些活体毒素携带者包括：施用 DDD 九个月后孵化出来的鱼类、鸊鷉和体内毒素含量高达 2 000 ppm 的加州鸥等。湖上鸊鷉营巢面积减少，鸊鷉数量从第一次施用 DDD 前的 1 000 多对锐减到 1960 年的 30 对左右。这 30 对营巢的鸊鷉却没能繁育后代：自从第三次施用 DDD 后，清水湖上再也没见到过小鸊鷉的影子。

整个污染链似乎肇始于最先摄入农药残留的微生植物。处在这条食物链末端的人类情况如何？人类很可能在毫不知晓的情况下，备好渔具，从清水湖中钓了不少鱼，带回家美美地享用一顿。大量摄入或重复性摄入 DDD 残留会对人们产生什么样的危害？

虽然加州公共卫生部门声称尚未发现 DDD 残留对人类产生危害，仍然在 1959 年发布了湖区停用 DDD 的禁令。从该药物具有的广泛生物学危害来看，停止施用似乎只是最小意义上的安全保护措施。在所有杀虫剂中，DDD 导致的生理危害很可能最独特：它会损伤肾上腺中分泌性激素的肾上腺皮质外层细胞。早在 1948 年，人们就发现了这种破坏作用，但起初认为危害仅限于犬类，因为在猴子、老鼠和兔子等动物实验中并未发现问题。然而 DDD 在犬类身上引发的症状与人类阿狄森病患者的病症十分相似，不能不引起我们的重视。最近的医学研究发现，DDD 确实会严重抑制人类肾上腺皮质功能。如今，DDD 的细胞破坏力在临床上用于治疗一种罕见的肾上腺癌症。

清水湖事件引发了一个公众必须面对的问题：使用对生理过程有严重

危害的物质防控昆虫,尤其是将化学药剂直接施诸水体,这样的做法明智吗? 有必要吗? 杀虫剂浓度在湖泊食物链中的爆炸式增长,说明使用的杀虫剂浓度非常低这一事实本身毫无意义。然而,为解决一个明显的且通常微不足道的问题,制造出一个更严重的且往往难以察觉的问题,这种情况大量存在,而且在愈演愈烈。清水湖事件就是一个典型代表。对饱受蚋虫困扰的居民而言,问题得到了顺利解决,这样做的代价却是给从湖中获取食物或饮用水的生物造成了无以名状、难以溯源的危害。

奇怪的是,故意在水库中投放农药的做法越来越常见,而其目的通常是为了开发娱乐项目(之后又需要斥巨资恢复其饮用水的用途)。某地的渔猎爱好者想发展渔猎业,于是说服政府主管部门在水库中投放农药,杀死他们不想要的杂鱼,孵化出符合渔猎爱好者口味的鱼。整个过程非常怪诞,像爱丽丝的奇境一般诡异。修建水库是为了满足居民用水的需要,当地居民很可能对渔猎爱好者的项目毫不知情,却被迫饮用含有农药残留的水,或被迫支付税费,治理根本不可能消除的农药残留。

由于地下水和地表水都遭受杀虫剂和其他化学药品污染,因此有毒且致癌的物质正在进入公共用水系统。美国国家癌症研究所的 W. C. 休珀博士向人们发出警告:"在能够预见的未来,饮用水污染导致的癌症风险将会大大增加。"事实上,在 20 世纪 50 年代初,荷兰开展的一项研究已经证实水污染有致癌风险。相对而言,河水比井水更容易遭受化学药物污染,因而,饮用水源为河水的城市居民比饮用井水的居民患癌症死亡的概率更高。含有天然致癌物质砷的水污染,导致了历史上两次大面积癌症爆发。其中一次污染,砷来自矿场矿渣堆,另一次来自天然含砷量高的岩石。随着含砷杀

虫剂的大量使用,这种情形会不断重演。这些地区的土壤受到砷污染,雨水将土壤中的砷带入小溪、河流和水库,继而进入广袤的地下海洋。

这也再一次提醒我们,自然界没有任何东西会孤立存在。为了更清楚地理解世界上的污染,我们必须看看地球上的另一种基本资源:土壤。

第五章

土壤王国

薄薄的表层土壤像一块块补丁镶嵌在地球上，决定着人类和其他动物的生存。没有土壤，陆地植物无法生长；而没有植物，动物也就无法生存。

如果说以农业为基础的生物仰仗土壤，土壤也同样依赖地球上的生物。土壤的起源及其属性与该处生存的动植物密切相关。从某种意义而言，土壤系由生物创造，是亿万年前生物与非生物相互作用的神奇产物。火山喷发出炙热的岩浆，河水流经地表岩石冲刷着最坚硬的花岗岩，冰霜严寒造成岩石碎裂，所有这些过程使得土壤的原初物质得以汇聚。继而，生物开始施展创造性魔法，逐渐将这些惰性物质变成土壤。岩石的首层覆盖物地衣利用酸性分泌物加速了物质的分解过程，使之成为其他生物的生存之所。地衣碎屑、微小昆虫外壳和海洋生物残骸共同构成了原始土壤，苔藓开始在其缝隙处安营扎寨。

生物不仅创造了土壤，也创造了土壤中种类繁多的其他生物。否则土壤就是一片死沉沉、了无生机的地方。这些生物及其生命活动，使得土壤具备了滋养地球绿色植被的能力。

土壤处于永恒变化之中，循环往复，生生不息。岩石风化分解、有机物

质腐烂、氮气和其他气体随雨水从空中落下的过程,不断生成土壤中的新物质,其他生物之需有时也会暂时性带走土壤中的既有物质。微妙而又极其重要的化学变化时刻都在进行着,来自空气和水中的成分被转换成植物生长需要的物质。在所有变化过程中,生物起着积极的催化作用。

黑暗的土壤王国里生活着大量生物。土壤生物研究非常有趣,但通常也最容易遭到忽略。土壤有机物之间如何联结,它们以何种方式与地下、地上的世界发生关联,对此我们知之甚少。

土壤中最重要的生物很可能是那些肉眼看不见的微生物:细菌和丝状真菌,数量多如天文数字。一茶勺表层土壤中可能含有数以亿计的细菌。虽然这些细菌形体极其微小,但一英亩肥沃土壤一英尺厚的表土中所含细菌重量可能高达1 000磅。菌丝形式存在的放线菌数量比细菌少,但由于其形体相对较大,因此在一定量的土壤中,放线菌与细菌重量大致相当。它们与叫作藻类的微小绿色细胞一起,共同构成土壤中的微生植物界。

细菌、真菌和藻类是促成动植物腐烂的主要介质,能够将动植物残体分解为无机物。没有这些微生植物,碳、氮等化学元素无法完成其在土壤、空气和生物体中的大循环运动。打个比方,如果没有固氮细菌,即使处在含氮空气包围之中,植物也会因为缺氮死亡。还有一些有机体形成二氧化碳,成为加速岩石分解的碳酸。土壤中其他微生物发挥着氧化和还原作用,将土壤中的铁、锰、硫等矿物质变得易于为植物所吸收。

土壤中存在着大量微小螨类和一种名叫跃尾虫的原始无翼小昆虫。它们虽然体型微小,却能够在分解植物残体、促进森林地面垃圾转化方面发挥重要作用。其中一些微生物的"禀赋"令人难以置信。例如,有些只能存活在云杉落叶中的螨类,栖居在针形落叶中,消化其内部组织。等到螨虫发育完成,针叶往往只剩下一个空外壳。数量惊人的落叶处理工作几乎全部由土壤和林地中的微小昆虫承担完成。它们浸解、消化树叶,并且促进分解出来的物质与表层土壤混合。

除了这些忙碌不停的微小动物,土壤中当然也有不少形体较大的动物。土壤动物涵盖了从细菌到哺乳动物这一完整的谱系。有些动物一直生活在黑暗的表层土壤中,有的只在地下洞穴中冬眠或度过生命循环中的某一阶段,有的动物则自由穿梭于地下洞穴与地表世界之间。总体而言,栖居在土壤中的这些动物有助于空气进入土壤,促进水在植物生长层的疏排与渗透。

在形体较大的土壤动物中,蚯蚓可能最重要。1881年,查尔斯·达尔文出版了《腐殖土的形成、蚯蚓的作用以及对蚯蚓习性的观察》一书。在这部著述中,达尔文首次向世人介绍了蚯蚓在土壤搬运方面起到的重要作用,并描述了如下一幅图景:岩石表面逐渐盖满蚯蚓从地下搬运上来的细粒土壤,在条件有利的地方,一英亩土地里蚯蚓每年搬运的土壤可能会重达数吨。同时,树叶与草中含有的大量有机物质(每平方码土地每半年可积存20磅)被蚯蚓带入地下土穴,混入土壤。达尔文的计算显示,在十年时间内,蚯蚓能够使表层土壤厚度增加1到1.5英寸。增加表层土壤厚度绝不是蚯蚓的全部贡献:它们能够使空气进入土壤,保持土壤良好的排水性能,还能够促进植物根系生长。此外,蚯蚓能够提升土壤细菌的硝化能力,降低土壤肥力衰退。有机物质通过蚯蚓消化道,被分解排泄到土壤中,能够提高土壤肥力。

土壤与生物之间彼此关联,形成一个相互交织的网络:生物依赖于土

壤,而只有当土壤中有了这些生物,它才能成为地球的重要组成部分。

这其中有个令人担忧的问题:无论是直接进入土壤的"杀菌消毒剂",还是雨水从森林、果园和农田冲刷到土壤中的致命污染,进入土壤的化学毒药会对生存其间的具有非凡意义的大量动物造成何种危害?这个问题很少有人关注。打个比方说,我们使用的广谱杀虫剂能消灭破坏庄稼的穴居动物幼虫,却不会对分解有机物的"益虫"造成伤害,这种想法有道理吗?又比如说,我们使用的广谱杀真菌剂,真能够确保树根中促进根部营养吸收的真菌免受伤害吗?

事实上,科学家大多忽略了这一极其重要的土壤生态问题,杀虫剂施用人员更不会对其进行思考。昆虫防治人员似乎想当然地认为,土壤能够承受并愿意承受任何加诸它的伤害,绝不会反击。土壤王国的本质属性几乎被完全忽视。

相关研究虽然为数不多,却逐渐为人们呈现出杀虫剂对土壤造成的危害。目前,专家们的研究结果并不一致,这也不足为奇。土壤类型多种多样,对一处土壤有危害,也许对另一处土壤完全无碍。轻砂质土壤远比腐殖土容易遭受破坏。多种化学药品混用比使用单一化学药品对土壤造成的伤害更大。虽然研究结果各有差异,却有越来越多的证据表明危害确实存在,这一点令许多科学家忧心忡忡。

目前,与生物世界密切相关的一些化学转化过程已经受到影响。其中一个例子就是将空气中的氮转化为可供植物利用的形式的硝化作用。2,4-D除草剂能够造成硝化作用暂时中断。佛罗里达州最近的几次实验显示,林丹(六氯环己烷,俗称"六六六")、七氯和六氯化苯进入土壤仅仅两周就会减弱土壤的硝化作用,六氯化苯和DDT施用一年之后仍存在明显毒害作用。其他实验显示,六氯化苯、艾氏剂、林丹、七氯和DDD都会阻碍固氮菌在豆科植物根部产生维系其生长必需的节瘤。真菌与高等植物根系之间奇妙而有益的关系因此遭到严重破坏。

大自然得以生生不息,靠的是各物种数量间的微妙平衡。一旦平衡被打破,问题往往非常棘手。杀虫剂造成土壤中某些物种数量减少时,必然会造成另一些物种数量激增,打乱既有的摄食关系。这些变化很容易改变土壤的新陈代谢活动,影响土壤的生产力。这些变化也可能意味着,一度受到控制的潜在有害生物很可能会失控,继而发展成灾害。

关于土壤中的杀虫剂,我们尤其需要记住,杀虫剂在土壤中残留时间很长,并非短短几个月,动辄就是若干年。施用艾氏剂四年后,土壤中仍然能够发现少量艾氏剂残留物和大量艾氏剂转化成的狄氏剂。施用八氯莰烯(毒杀芬)灭杀白蚁十年后,砂土中仍有大量药物残留。六氯化苯在土壤中的残留时间至少有十一年,七氯及其衍生物环氧七氯的残留时间至少有九年,施用氯丹十二年后残留量仍高达原施用量的15%。

最初看似适量的杀虫剂,使用数年后在土壤中的残留很可能会累积达到惊人的地步。氯代烃残留性强、残留时间长,每一次施药都是对前一次药物效用的叠加。因此,"一英亩土地喷洒一磅DDT不会造成危害"的老套说法显然毫无意义。检测发现,每英亩马铃薯田DDT残留量为15磅,每英亩玉米田残留量为19磅,每英亩蔓越莓湿地残留量则高达34.5磅。苹果园土壤中残留量最高,其DDT累积速度与每年的施用量同步增长。一个季节内苹果园施药超过四次,每英亩土地中DDT残留量就会高达30至50磅。

如此经年累月重复施药,苹果园树间土壤中的农药残留量为每英亩 26 至 60 磅,树下土壤中的农药残留量高达 113 磅。

砷是造成土壤永久污染的典型罪魁。20 世纪 40 年代中期起,人们主要改用合成有机杀虫剂取代含砷喷剂防治烟草病虫害。然而,1932 至 1952 年间,美国生产的烟草中砷含量却增加了 300% 以上。后来的研究发现砷含量增加到过去的 600%。砷毒理学权威专家亨利·S. 萨特利博士认为,有机杀虫剂取代含砷喷剂后,烟草作物中的砷含量却持续增加,这是因为烟草种植园土壤中含有大量剧毒而又不易溶解的砷酸铅。这种砷酸铅会持续释放可溶性砷。萨特利博士说,烟草种植园的大部分土壤都正遭受着"累积的、几乎永久性的毒污染"。没有使用过含砷杀虫剂的东地中海国家,所产的烟草中就不存在砷含量增加的现象。

我们因此面临着另一个问题。我们不能仅仅关注土壤里发生了什么,还必须关注受污染土壤中吸收了多少杀虫剂,关注有多少杀虫剂残留进入植物组织。这主要取决于土壤类型、农作物种类和杀虫剂属性及浓度。较之其他类型土壤,有机物质含量高的土壤释放毒素少。与其他被研究的农作物相比,胡萝卜吸收杀虫剂残留量更高。如果施用农药林丹,胡萝卜中的林丹浓度远超土壤中的林丹残留。将来,人们种植某种作物前必须先检测土壤中杀虫剂的含量。否则,即使不施用农药,作物也可能从土壤中吸收过量杀虫剂,使其达不到上市售卖的安全标准。

这类土壤污染曾经给一家大型婴幼儿食品制造商造成过无穷的麻烦。现在,这家制造商拒绝购入任何施用过杀虫剂的水果和蔬菜。罪魁祸首是六氯化苯。植物根系和块茎吸收六氯化苯后会产生霉变味道。加州有一块农田,两年前施用过六氯化苯,所产甘薯被发现含有六氯化苯农药残留,因此不能用于加工生产。有一年,这家食品制造商与南加州地区签订甘薯供应合同,结果发现大部分农田都遭六氯化苯污染。公司被迫从自由市场购买生产所需甘薯,因此造成巨大经济损失。过去这些年,很多州生产的各类水果、蔬菜都因无法用于加工生产遭弃置。花生的问题最令人头疼。在南部的几个州,花生常与棉花轮作,而棉花种植过程中会大量施用六氯化苯。棉花田里后茬轮作的花生会吸收大量杀虫剂。实际上,仅摄入微量六氯化苯就能令花生产生霉腐味。六氯化苯渗透到果壳中很难清除。食品加工过程不仅不能去除霉腐味,有时反而会加重这种怪味道。去除六氯化苯残留的唯一办法是拒绝一切施用过六氯化苯或遭六氯化苯污染土壤中生长的农作物。

土壤中的农药残留有时会直接威胁农作物——只要土壤被杀虫剂污染,这种威胁就一直存在。一些杀虫剂会对豆类、小麦、大麦或黑麦等敏感作物造成伤害,阻碍根系生长或抑制幼苗发育。华盛顿州和爱达荷州啤酒花种植者的经历就是个很好的例子。1955年春天,由于危害啤酒花根部的象鼻虫泛滥,人们采取大规模灭杀措施。经农业专家和杀虫剂生产厂商建议,人们选择喷施七氯。用药不到一年,喷施过七氯的地方,啤酒花植株开始枯萎死去。没有喷施农药的地方则不存在这一问题。施药和没施药的地方,结果泾渭分明。人们不得不花大价钱在山上重新栽种啤酒花,孰料新种植的啤酒花次年又死掉了。四年后,土壤中仍然含有七氯残留。科学家对此束手无策,既无法预测毒性还会持续多久,也不知道何种措施能够改善受污染土壤的状况。1959年3月,联邦农业部门意识到不能在啤酒花田中施

用七氯,废止曾经发布的施用建议,但一切都为时太晚。当时,不少啤酒花种植者纷纷诉诸法庭寻求经济赔偿。

只要人们继续施用杀虫剂,顽固的农药残留就会持续在土壤中积存,人类注定会遭遇麻烦。1960年,锡拉丘兹大学举办土壤生态学研讨会,研讨会上不少专家便得出了如上结论。专家们总结指出,人类使用化学药品与辐射等"强效手段"却对其"知之甚少",因此造成了危害。"人类的一些不当举措很可能导致土壤生产力的毁灭,致使土壤中节肢动物大行其道。"

第六章

地球的绿色斗篷

　　水、土壤和绿色植物构成的世界共同滋养着地球上的动物。若非植物利用太阳能量生产出必需的食物，人类就无法生存，然而现代人很少会记住这一事实。我们对植物的态度非常狭隘，一旦知道某种植物有直接用途就会大肆培植，如果出于某种原因觉得某类植物不合需要或无关紧要，就会立即将其灭除。除了各种对人、畜有毒的植物和妨碍粮食作物生长的植物外，很多植物遭灭除仅仅由于人类狭隘地认为它们长错了时间或地方。也有一些植物遭到灭除，仅仅因为碰巧跟人类想要除掉的植物生长在一起。

　　地球上的植物是生命之网的组成部分。在这个网络中，植物与地球、植物本身以及动物都有着密切而又重要的关联。有的时候，我们别无选择，只能打破这些关联。但做此决定时我们一定要深思熟虑，要充分了解我们的行为在遥远的未来可能产生的后果。然而，当今除草剂行业势头强劲、销量激增，人们滥用除草剂，其中丝毫看不出人类的谨慎和思虑。

　　我们在美国西部蒿属植物地带改造的事件中，能够明显看出人类在改造大自然方面考虑得不周全。人们大规模清除三齿蒿①，想要将那里改造

────────────

　　① 三齿蒿（Sage），北美洲西部干旱地区的一种芳香蒿属植物，有银绿色叶子、大花束和小的白色头状花序。

成牧场。那片土地极具自然环境历史的研究价值,是大自然中各种力量相互作用的最佳生态典范。它像是一本在我们面前打开的书,通过阅读可以了解土地的历史以及保持土地本原面貌的缘由。然而,我们却没有阅读这本书。

生长着三齿蒿的西部高原与山脉斜坡是由几百万年前落基山系的巨大隆起所形成。那里气候异常恶劣:冬季十分漫长,暴风雪从山上席卷而来,地面积雪不化;夏季高温少雨,土壤干旱严重,劲风造成植物叶、茎上水分匮缺。

在朔风横扫的高原生态演化进程中,植物物种若想存活,必定要经历过漫长的挫折与调适。无数植物物种被自然淘汰。最终,具备对抗所有恶劣环境条件的三齿蒿得以幸存下来。三齿蒿这种低矮灌木能够扎根于山坡和高原,灰绿色的小叶子能锁住水分对抗劲风。广袤的西部高原成为三齿蒿的生长之地绝非偶然,而是大自然长期考验的结果。

此地生活的动物也不例外,与植物一样经受过自然的考验。在漫漫生态演变中,两种动物跟三齿蒿一样完全适应了自然环境,得以生存下来。一种是优雅、敏捷的叉角羚(哺乳动物),另一种是号称"西部高原之王"的艾草松鸡①。

三齿蒿和艾草松鸡似乎天生相互依存,两者生长范围高度吻合。随着三齿蒿面积缩减,艾草松鸡数量也大大减少。对艾草松鸡而言,三齿蒿就是

---

① 艾草松鸡(Sage Grouse),栖息于美国西北部海拔2 000多米的高原草地,以三齿蒿为食,是北美洲最大的松鸡。

它的整个世界。艾草松鸡在山脚下低矮的三齿蒿上筑巢遮护幼鸟,在高处枝叶繁茂的三齿蒿间嬉戏、栖息。三齿蒿是艾草松鸡一年四季的主食来源。当然,艾草松鸡对三齿蒿也有影响。雄性艾草松鸡在复杂的求偶仪式中会刨松三齿蒿四周的土壤,有利于三齿蒿附近草类生长。

叉角羚同样适应了三齿蒿。叉角羚是高原地带主要的哺乳动物,每年冬天第一场雪到来之前会从夏天生活的高山地区迁移到海拔较低的地带。三齿蒿就成了它们过冬的食物来源。此时,其他植物叶子已经落光,只有三齿蒿茎干上依然挂满芳香馥郁、略带苦味的灰绿色叶子。三齿蒿的叶子富含蛋白质、脂肪和其他有益矿物质。尽管三齿蒿上落着积雪,但顶端仍然露在外面,叉角羚用它锋利的前蹄刨两下就能够将积雪掘开。艾草松鸡同样靠三齿蒿过冬。它们会到被风吹走积雪的裸露岩架上寻找三齿蒿,也会跟在叉角羚后面找到那些被掘开积雪的三齿蒿。

其他动物也以三齿蒿为食。黑尾鹿经常以三齿蒿为食。三齿蒿为食草动物提供了过冬的生存保障,几乎是冬牧场羊群的唯一食料。一年中有大半的时间,羊群以三齿蒿叶为主要草料,其所提供的能量超过干苜蓿草。

条件恶劣的高原地带、开紫花的三齿蒿、敏捷的叉角羚羊和艾草松鸡,形成一个完美的自然生态系统。可眼下呢?已然今非昔比,至少在那些人类企图进行改良的大片土地上,情况发生了变化。土地管理机构为了满足牧场主的贪婪欲求,打着改良的旗号,将大片土地改造成牧养场。土地改良意味着这里将被改造为草场,只有牧草,没有三齿蒿。人们要在天然适合三齿蒿与其他草类混生的地方根除三齿蒿,将其改造为纯粹的草场。人们似乎不会去问:此地开发草场,是否能够持久?是否能够达到预期目标?当

然,大自然的答案是否定的!那里年度降水量少,不能提供优质牧草所需要的降水,仅能适宜三齿蒿下的多年生禾草成活。

然而,根除三齿蒿的计划已推行数年。因为此事能够为草籽行业和收割机、播种机行业提供巨大市场空间,多家政府机构积极参与,工业部门也推波助澜。最近,化学药剂品行业成为该计划的生力军。每年都有千百万英亩三齿蒿丛被喷施除草农药。

结果如何?目前,根除三齿蒿、改种牧草的最终结果很大程度上只能靠推测。很多熟谙土地属性的人说,牧草与三齿蒿混生比单独种植效果好,因为三齿蒿能够帮助锁住土壤中的水分。

即便该项目暂时取得了预期成效,但这个地方密切相连的生命之网已经遭到破坏。叉角羚羊和艾草松鸡将与三齿蒿一同消失。黑尾鹿会因此受到影响,随着野生植物的毁灭,土地会变得更加贫瘠。甚至连改良土地预计的受益方,即牧场牲畜也会受到牵连。无论夏天的草地多么肥美,没有了三齿蒿叶、多年生禾草和其他野生植物,暴风雪天气中的羊群也只能挨饿。

这些都只是初期的、可以明显见到的后果。另一种后果则与人们对大自然施行的应急之策有关:快速根除三齿蒿的农药同时也灭除了其他很多植物。威廉·O.道格拉斯法官在其新作《我的荒野:卡塔丁峰以西》中讲述了美国林务局对怀俄明州布里杰国家森林造成的骇人生态破坏。迫于牧民扩张畜牧用地的欲求,林务局向一万英亩三齿蒿喷洒农药。三齿蒿被如愿清除,但同时遭受厄运的还有那些蜿蜒穿过平原的小河畔生长着的垂柳。碧绿的垂柳滋养着很多生命:驼鹿在柳林间生活,柳树对于驼鹿的重要性堪比三齿蒿之于叉角羚羊。河狸也曾生活在林间,它们以柳树为食,啃断柳树枝干在溪上筑坝,将小溪分隔成一个个小水塘。山涧中生长的鳟鱼一般不超过六英寸长,在小水塘中则长得异常肥美,可以重达五磅。水塘也吸引了很多水鸟。柳树和林间生活的河狸使得该地区成为绝佳的渔猎休闲区,吸引人们纷纷前来。

然而,随着林务局推行"改良"计划,农药灭除了三齿蒿,同时也令柳树遭殃。1959年(喷洒农药的当年),道格拉斯法官到过此地,看到枯萎垂死的柳树大为震惊,将之描述为"不可思议的浩劫"。驼鹿的情况怎么样?河狸和它们筑建的小水塘情况怎么样?一年之后,道格拉斯法官回到那片浩劫之地寻求答案。驼鹿与河狸已杳无踪迹。没有河狸的精心维护,堤坝已毁,塘水干涸。肥美的鳟鱼也销声匿迹了。小溪流经炎热、光秃而无遮拦的地区,见不到任何生物的影子。这里的生命世界被彻底破坏。

除了400多万英亩牧场每年被喷施农药外,大面积其他各类型土地也将要接受除草治理。比如,公共事业公司管辖的一块面积比整个新英格兰地区还大的地方(约5 000万英亩),其大部分区域定期接受灌丛管控治理。美国西南部对约7 500万英亩牧豆树进行除灌整治,对大面积木材生产基地(面积不详)实施空中农药喷洒,想要从耐药性强的针叶林中清除阔叶硬木。从1949到1959年的十年间,使用除草剂的农田面积翻了一番,达到5 300万英亩。如今,私家草坪、公园和高尔夫球场接受除草剂整治的面积加在一起必定是个天文数字。

化学除草剂是一种颇有噱头的新把戏,效果非同凡响,其威力能够令使用者产生一种凌驾于自然之上的优越感。而除草剂潜在的隐性后果往往遭

到忽视,被简单定性为毫无根据的悲观主义臆测。"农业工程师"大肆鼓吹"化学耕种",声称能用喷枪取代犁铧。成千上万个村镇的官员对农药推销员、药品经销商的热切说辞深信不疑,这些人吹嘘说能够轻松解决路边的灌木丛问题,而且花费不多。他们最大的噱头是喷施农药比用割草机清除灌木花费更低。也许官方的数据表里整整齐齐地显示着这样的数字。然而,真正的成本不能仅以美元计算,其他各种损失也应计算在内。大规模化学农药广告会产生巨额费用,而农药对环境及各种生物所造成的长期破坏也无法估量。

各个商业部门历来看重游客评价,我们不妨也以此为例。曾经美丽的道路两旁被化学农药破坏殆尽,蕨类植物、野花、鲜花浆果点缀的灌木丛变成一片黯淡、枯萎的地方。为此,愤怒的抗议声不断高涨。一位新英格兰妇女给当地报纸写信投诉说:"我们现在把道路两旁弄得肮脏、晦暗、毫无生机。我们花大把的钱宣传这里的美景,然而游客们想要看到的绝不是这幅景象。"

1960年夏天,来自美国许多州的自然资源保护主义者聚集在缅因州一座静谧的小岛上,聆听全美奥杜邦学会①会长米利特森·托德·宾汉姆的演讲。当天的主题围绕如何保护自然景观,保护从微生物到人类交织构成的复杂生命之网。然而,参会人员在交谈中却个个都义愤填膺,谈话内容始

---

① 全美奥杜邦学会(National Audubon Society),成立于1886年,是世界上历史最悠久的非营利性民间环保组织,这一组织是为纪念美国鸟类学家、博物学家和画家约翰·詹姆斯·奥杜邦而命名的。学会在美国各地都设有分支机构,这些机构经常组织观鸟等与野生动物保护有关的野外活动。

终绕不开沿途所见的环境破坏现象。曾几何时,这里的道路两旁叶木常青,长满月桂、香蕨木、赤杨和越橘。现在只剩下一片深褐色的荒凉景象。一位与会者如此描述此次缅因州会议之旅:"会议归来……缅因州道路两旁的凄凉萧索令我愤怒。那里的公路两旁曾经长满野花和漂亮的灌木,现在绵延数里只剩下满目疮痍……如此景象令游客兴味索然,因此造成的游客信誉损失缅因州承担得起吗?"

在全国轰轰烈烈开展的道路灌木清理运动中,缅因州的情况不过只是其中一例。当然,对我们这些深爱缅因州自然风光的人来说,此事确实令人难过。

康涅狄格州植物园研究专家称,清除美丽的本地灌木和野花,对道路两旁简直是场灾难。在化学药品的威力下,杜鹃、山月桂、蓝莓、越橘、荚蒾、四照花、月桂、香蕨木、矮唐棣、北美冬青(福来红)、美国稠李和野酸梅纷纷枯死。那些点缀其间的雏菊、黑心金光菊、野胡萝卜花、秋麒麟草、秋紫菀同样难逃厄运。

农药喷洒不仅规划不善,还存在滥用的情况。在新英格兰南部的一座小镇,一位承包商在完成喷洒作业后,径直将箱体里的剩余农药倾倒在未获准施洒农药的林地路旁。结果,道路两旁金黄、靛紫交相辉映的秋日美景不复存在。从前人们来这里就是为了一睹麒麟草和紫菀花绽放的迷人景色。在另一座新英格兰小镇,有位承包商未经公路管理部门许可私自更改农药喷洒规范,擅自将路边植物喷洒高度由四英尺改为八英尺,在树体上留下一道极宽的棕褐色瘢痕。马萨诸塞州的一位小镇官员从热情兜售的农药经销商手上买了除草剂,却不知道其中含砷。路旁农药施洒的直接后果之一就

是十二头奶牛砷中毒死亡。

1957年,沃特福德镇施行路旁除草剂喷洒,导致康涅狄格州植物生态保护区树木严重损毁。没有直接喷洒到农药的大型树木也遭到破坏。虽然正值春季万物勃发时节,橡树树叶却开始卷曲、枯萎,随后生出的新树枝长速惊人,压弯了树干。过了半年,原先的大树枝全部枯死,其他树枝叶子全部落光,只剩下一派扭曲、衰败的景象。

我们知道,一条景色优美的道路,路旁往往长着一大片赤杨、荚蒾、香蕨木和刺柏,每个季节都开满鲜艳的花朵,秋季挂满一串串宝石般的果实。路上没有太多车辆,也没有什么急转弯或岔路口,灌木丛不会遮挡司机的视线。自从工人开始在这里进行农药施洒作业,曾经美丽的道路变得让人避之唯恐不及。科技的介入令人们目力所及触目惊心。不过偶尔也有疏漏情况,由于有些地方官员并未下决心改造自然或对农药喷洒推行不力,反而意外遗留下一些美丽的绿洲。然而,在这些"绿洲"的衬托下,遭摧残的路旁景象更加令人无法忍受。每当我在这些侥幸逃脱农药摧残的地方,看到摇曳的白花苜蓿、成片的紫色野豌豆和火红的百合花,我总会精神为之一振。

对那些售卖和使用化学农药的人而言,这些植物都属于"杂草"。我曾在如今定期召开的某杂草防控会议的论文集中读到一篇关于"除草哲学"的奇谈怪论。该文作者认为,仅凭"与杂草混生"这一理由就应该清除那些"有益的植物"。他说那些抱怨除掉路旁野花的人令他想起反对活体解剖的动物权利激进分子,"如果以他们那套行为为判定标准的话,流浪狗的生命要比儿童的生命更神圣"。

在这篇高论的作者看来,毫无疑问,我们很多人都有严重性格扭曲的嫌疑。我们喜欢野豌豆、苜蓿草与百合花精致而短暂的美丽，却不能接受犹如被火炙烤过的路旁景象，不能接受灌木丛的枯黄焦萎，不能接受曾经傲然挺立的欧洲蕨如今低垂、蔫耷。我们这些人似乎太过愚钝，能够忍受"杂草"丛生，却不为人类战胜邪恶的大自然、彻底清除杂草而感到欢欣鼓舞。

道格拉斯法官谈到他曾出席过一次联邦农业工作会议，讨论居民反对施洒农药灭除三齿蒿的计划（本章开始提到过的那个计划）。与会者认为，一位老太太竟然因为野花遭毁坏而反对这个计划，简直滑稽透顶。"牧场工人有权寻找牧草，伐木工人有权寻找树木，而寻找天香百合和虎皮百合难道不也是她的权利吗？"这位富有同情心而又具远见卓识的法官反驳道，"原野赠予人类的审美价值，与山脉中的金矿、铜矿和山上的林木一样多。"

当然，保护路边植被的愿望并不仅仅出于审美考虑。在自然界中，自然植被有其存在的价值与必要性。乡村道路两旁和田间地头的灌木丛是鸟类觅食、栖息和营巢的地方，也是很多小动物的家园。东部各州路旁大约生长着 70 种典型灌木和藤本植物，其中 65 种是野生动物的重要食物来源。

这些灌木也是野蜂和其他授粉昆虫的栖息地。人类非常依赖这些野生传粉动物，但很多时候，人类却意识不到这一点。甚至连农民都鲜少充分意识到野蜂的价值，经常参与到对其的灭杀行动中。不少农作物和野生植物部分或完全依赖当地授粉昆虫传播花粉。好几百种野蜂参与农作物的授粉过程：仅光顾苜蓿花的野蜂就有一百种。如果没有昆虫传播花粉，在未开垦土地上保持土壤、滋养土壤的绝大部分植物都会灭绝，进而对整个地区的生态造成深远影响。森林和牧场中的多种牧草、灌木和乔木依赖本地昆虫进行繁殖，而这些牧草、灌木和乔木又是野生动物和牲畜的主要食物来源。

现在,无覆盖耕种和用农药灭除灌木、杂草的做法,正在夺走授粉昆虫最后的家园,从而切断生命与生命之间的密切关联。

我们知道,这些昆虫对农业和自然景观十分重要,应该以礼相待,而不是对它们的家园进行肆意破坏。蜜蜂和野蜂依赖秋麒麟草、芥菜、蒲公英等所谓的"杂草"为幼蜂提供花粉食物。苜蓿开花前,野豌豆为蜜蜂提供必要的食物,帮它们挨过早春时节。秋天,蜜蜂和野蜂完全依靠秋麒麟草,储存能量准备过冬。大自然的时序非常精确,有一种野蜂能够不早不晚恰好出现在柳树开花的那一天。明白这些事理的人不在少数,然而,下令对大自然大规模施用化学农药的人也不在少数。

那些自以为懂得固定栖息地对野生动物保护价值的人表现得如何? 他们中不少人认为,除草剂比杀虫剂毒性弱,对野生动物"无害"。他们甚至断言,除草剂不会造成危害。但是,大量除草剂洒向森林、田野、湿地和牧场,会给野生动物栖息地造成显著变化甚至永久性破坏。从长远来看,破坏野生动物的家园和食物,可能比直接杀戮造成的危害更大。

用化学农药彻底清除道路及公路两旁植被的做法在两个方面极具讽刺意味。大量使用农药不仅没有解决问题,反而使问题更加严重。事实证明,地毯式喷施除草剂并不能永久控制路旁灌木丛,需要每年重复喷施。更具讽刺意味的是,尽管现在有一种非常妥善的精准喷施法,能够长期防控且多数情况下无需重复施用,人们却依然固守地毯式喷施法。

治理道路和公路两旁灌丛的目标并非要彻底铲除青草之外的一切植被,而是要清除最终长势过高、可能遮挡司机视线或干扰公路布缆的灌木。通常而言,清除的对象主要是高大的灌木或树木。大部分灌木并不高,不会造成安全隐患,蕨类植物和野花当然更不会造成隐患。

"精准喷施法"是弗兰克·艾戈勒博士担任美国自然历史博物馆公路坡边灌丛防治建议委员会主任时提出的。由于大部分灌木具有抵御乔木入侵的天性,"精准喷施法"便利用了大自然的这一内在稳定特征。相对而言,草地比较容易被乔木树苗入侵。精准喷施并不是为了在道路坡边培植牧草,而是通过清除高大的木本植物来保护其他植物。精准喷施只需一次就能够达到预期效果,对耐药性非常强的某些植物或许要追加一次。这样一来,灌木能够得到很好的防控,乔木也不会卷土重来。效果最好、花费最少的防控做法,不是化学农药而是其他植物。

该方法的使用效果已在美国东部部分地区进行了测试。结果显示,只要处理得当,受测地区植被就能够形成稳定状态,**至少二十年内不需要重复喷药**。喷施工作通常由工人背负喷雾器徒步完成,以进行准确作业;也可以把压缩机泵和待喷施药物安装在卡车底盘上完成,但绝不是地毯式喷施。喷施的对象只是那些必须清除的乔木和高大灌木。环境的完整性因此得以保护,宝贵的野生动物栖息地不会遭受厄运,灌木、蕨类和野花的美好世界也不会被破坏。

少数地方已经开始采用精准喷施法进行植物防控管理。但多数情况下,根深蒂固的行为模式很难根除。地毯式喷施长盛不衰,不仅持续花费纳税人的巨额费用,也持续对生态网络造成破坏。当然,地毯式喷施法继续盛行只是因为大多数人不了解真相。一旦纳税人知道有一种方法可以二十多年喷施一次,无需每年付费,他们肯定会抗议,并要求改换喷施方法。

　　精准喷施法优点非常多,其中之一是能够将用药量控制到最小。无需漫天喷洒,只要对乔木根部进行有针对的喷施,对野生动物的危害也因此被降到最低。

　　使用最广泛的除草剂是 2,4 - D、2,4,5 - T 以及相关化合物。这些农药是否有毒尚存在争议。在自家草坪上喷施 2,4 - D 除草剂并有过药剂接触的人,有些患上严重神经炎,有些甚至造成瘫痪。尽管这些案例并不常见,医学权威专家还是会建议人们谨慎使用此类药物。使用 2,4 - D 除草剂可能还会引发其他一些隐性危害。实验显示,2,4 - D 除草剂能够干扰细胞内呼吸的基本生理过程,能够像 X 射线一样对染色体造成破坏。最新研究表明,即使是远低于致死的剂量,2,4 - D 除草剂和其他一些除草剂都可能危害鸟类繁殖。

　　除了直接的毒性作用,有些除草剂还会造成奇怪的间接危害。人们发现,一些动物(无论是野生食草动物还是牲畜)会被某些施药植物吸引。奇怪的是,这些植物原先并非它们的天然食物。如果施用的是砷类剧毒除草剂,这些动物对施药植物的强烈欲望必定会导致灾难性后果。要是碰上植物自身含毒或长有芒刺,即便毒性弱的除草剂也会造成致命后果。举个例子,牧场里的含毒杂草在喷药后突然对牲畜产生强烈吸引,而没能抵抗住诱惑的牲畜食用毒草后死亡。兽医药文献中有很多类似案例:猪吃了喷过药的苍耳染上重病,羔羊吃了喷过药的奶蓟草发病,蜜蜂采食喷药芥菜花中毒。野樱桃叶子本身有剧毒,喷过 2,4 - D 除草剂后对牲畜产生致命吸引力。显然是植物在喷药(或剪割)因枯萎而改变了形态,从而对牲口有了吸引力。狗舌草的情况与此不同。除非在冬末春初饲料匮乏时,牲畜通常会避食这种植物。然而,喷过 2,4 - D 除草剂后,牲畜会一反常态,热衷上吃狗舌草。

诱发牲畜行为异常的原因可能是,化学药品造成植物代谢改变。喷药处理后,植物体内糖含量显著增高,因此对动物具有更大吸引力。

2,4 - D 除草剂的另一个奇怪作用对牲畜、野生动物和人类都能造成重大危害。大约十年前的实验表明,喷施过 2,4 - D 除草剂的玉米和甜菜,硝酸盐含量急剧增高。人们因此怀疑,高粱、向日葵、紫鸭跖草、蔓生藜草、苋菜和荨麻等也会发生类似情况。牲畜对其中某些植物通常兴趣并不大,可一旦喷洒过 2,4 - D 除草剂,它们就会吃得津津有味。一些农业专家说,许多牲畜死亡都能够追溯到施过农药的杂草。就反刍动物的特殊生理机能而言,硝酸盐增高会造成严重问题。大部分反刍动物的消化系统都非常复杂,包括四个腔室构成的复胃。纤维素的消化通过其中一个腔室的微生物(瘤胃细菌)运动完成。一旦反刍动物食用硝酸盐含量异常高的植物,其瘤胃(反刍动物的第一胃)内的微生物就会对硝酸盐起作用,将之转化为剧毒亚硝酸盐,从而引发后续一系列致命变化:亚硝酸盐作用于血色素,产生一种褐色物质,这种物质会将氧气禁锢其中,使之无法通过肺传送到身体的各个组织,不用几个小时就会造成牲畜缺氧死亡。这样一来,牲畜食用喷施 2,4 - D 除草剂的植物后死亡就有了合理解释。反刍类野生动物鹿、羚羊、绵羊和山羊等也会面临同样的危险。

造成硝酸盐含量增加的原因有很多种(比如异常干燥的天气),但是,2,4 - D 除草剂销量和用量飙升导致的后果不容忽视。威斯康星大学农业实验站非常重视这一点,认为能够证实 1957 年发布的警示"2,4 - D 除草剂

清除的植物中可能含有大量硝酸盐"。除草剂造成植物硝酸盐增高不仅会给动物造成危害，同样也会危及人类。这就是为什么最近接连发生了奇怪的"粮库死亡"事件。含有大量硝酸盐的玉米、燕麦或高粱入库存贮后，释放出有毒的一氧化氮气体，给进入粮库作业的人造成致命危险。只要吸入几口这样的气体就会导致吸入性肺炎。明尼苏达大学医学院研究的系列类似病例中，全部患者中仅有一列侥幸存活下来。

卓越的荷兰科学家 C.J. 布雷约总结除草剂使用情况时说："这一次，人类对自然界的做法，仍然跟大象闯进瓷器店那样莽撞、粗鲁。我认为人类太过于想当然，甚至不懂如何区分庄稼中哪些是有害杂草，哪些是有益杂草。"

人们很少问及杂草与土壤之间是何种关系。即便从狭隘的利己主义角度去看，杂草也可能会对土壤有用。我们知道，土壤和生长其间的动植物相互依存、相互滋养。诚然，杂草会汲取土壤中的养分，但也可能会为土壤提供保护。最近，荷兰某市的几家公园提供了很好的例证。公园里的玫瑰培植出了问题，土壤取样显示其中存在大量线虫。荷兰植物保护局的科学家并未推荐喷施化学药剂或进行土壤治理，反而推荐人们间种栽培金盏花。这些无疑会被纯化论者视作"杂草"的金盏花的根部能够分泌一种杀死土壤线虫的物质。人们采纳了这一建议。为了进行对比观察，人们选择其中一些玫瑰花圃间种栽培金盏花。结果令人惊奇。间种栽培金盏花的玫瑰长势喜人，对照组的玫瑰花却蔫奄枯萎。现在很多地方用种植金盏花的办法防治土壤线虫。

人类也许尚未发现，很多被无情清除的植物都对维持土壤健康有好处。

自然植物群落(通常被蔑称为"杂草")的一个重要功能就是用作土壤质量评价指标①。当然,喷施过化学除草剂的土壤中不会有该项指标数据。

那些动辄采用喷施农药解决问题的人,忽略了另一件具有重要科学意义的事情:人类需要保护自然植物群落。我们需要将之作为参照,衡量人类活动对大自然的改变。我们需要自然植物群落作为昆虫和其他微生物的栖居地以保持其原始种群,本书第十六章会谈到杀虫剂抗药性升级对昆虫及其他微生物遗传因素的改变。曾有科学家建议,赶在昆虫、螨虫等基因结构进一步改变前建立专属"园区"对它们进行保护。

不少专家警示,持续使用除草剂会造成不易显现却影响深远的植被变化。2,4-D除草剂在灭除阔叶植物的同时,会导致草类因失去竞争对手而疯狂生长,有些草已经滋生泛滥成需要防控的"杂草",引发新一轮杂草清除问题。最近一期关注农作物问题的杂志提到过此类怪现象:"随着2,4-D除草剂的广泛使用,阔叶杂草被根除,禾本科杂草却日益成为玉米和大豆产量的威胁。"

枯草热的主要病原豚草能够非常生动地说明人类企图控制自然,却反而自食苦果的行为。人们以防控豚草为名,向道路两旁喷施几千加仑的化学农药。然而不幸的是,地毯式喷施不仅没有减少豚草,反而令其生长得更加繁茂。豚草是一年生草本,需要开阔的地方才能出苗。因此,防控豚草最好的办法就是保持其周围灌木、蕨类植物和其他多年生植物茂密生长。频繁喷施农药的结果使得保护性植被遭到清除,反而为豚草出苗提供了良好

---

① 土壤质量评价指标,分为土壤物理指标、土壤化学指标和土壤生物学指标三个方面。

的空间。此外,空气中的豚草花粉含量也很可能与路旁豚草无关,而是来自城市废地和休耕农田里的豚草。

马唐草专用除草剂销量激增是这种错误杂草防治做法的又一例证。比起每年喷施马唐净除草剂,有一种花费更少、效果更好的办法,那就是制造一种竞争环境,令马唐草在竞争中失去存活优势。马唐草只能在长势不好的草坪成活,这是其特性而非植物疾病。马唐草需要比较大的出苗空间,保持土壤肥沃促进其他草类苗壮生长,就能够对马唐草产生良好的遏制作用。

郊区居民置这些基本事实于不顾,只会听从那些受农药生产商蛊惑的苗圃工人的建议,每年在自家草坪施用大量除草剂灭除马唐草。很多化学药剂含有汞、砷和氯丹等有毒物质,但商品名称上却不会有任何成分属性标识。参照推荐剂量使用会造成草地上大量农药残留。比如,有一种农药,如果参照使用指南喷施,就相当于在每英亩土地投放 60 磅氯丹,如果替换施用另一种农药,就相当于在每英亩土地投放 175 磅砷。本书第八章会谈到,因此造成的鸟类死亡数量令人扼腕。这些草坪对人类的毒害可想而知。

对道路和公路坡地植被进行精准喷施,令人们看到健康生物防治的希望。农田、森林和牧场等植被防治项目,可以仿效此类做法。生物防治不应当以毁灭某一植物为目的,而应当具有生物群落的治理观念。

不少可靠事例显示了人类在植被防控方面的能力。在抑制不想要的植物方面,生物防治取得了显著成果。如今困扰人类的许多问题,大自然都曾碰到过且往往能用自己的方式妥善解决。人类如果能够在这方面观察自然、模仿自然,也一定能够取得成功。

加州克拉马斯草问题是这方面的典型案例。克拉马斯草,又叫山羊草、圣约翰草,原生地为欧洲,随早期欧洲西迁移民进入美洲大陆。1793 年首次出现在美国宾夕法尼亚州兰开斯特市附近,1900 年传至加州克拉马斯河附近地区,并因此而得名。1929 年,克拉马斯草蔓延约 10 万英亩牧场,到1952 年,约有 250 万英亩土地遭到克拉马斯草的入侵。

克拉马斯草不像三齿蒿等本地杂草,不仅当地生态链中没有它的位置,也没有动物或其他植物需要它。相反,凡是出现了这种草的地方,牲畜食用后就会"长满疥疮,口腔糜烂,没有生气"。遭克拉马斯草入侵的土地价格因此下跌。

克拉马斯草在欧洲从来没有造成过问题,因为伴随该植物生长着很多种昆虫。这些昆虫大量食用克拉马斯草,从而遏制其泛滥成灾。尤其是来自法国南部的两种豌豆大小的金属色甲虫,简直与克拉马斯草相伴相生,完全以之为食,靠其繁殖后代。

1944 年,这两种甲虫被首次运到美国,开北美洲利用昆虫进行生物防治之先河,具有重要的历史意义。到了 1948 年,两种甲虫得到大量繁殖与扩散,无需继续从国外进口。人们首先从原生地收集甲虫,再以每年上百万只的数量将其投放出去,促成甲虫扩散。在较小区域内,甲虫会自行扩散,只要某地的克拉马斯草一灭绝,它们就能精确地找到新领地。甲虫有效地遏制克拉马斯草之后,人们需要的牧草得以繁茂生长起来。

1959 年完成的一项历时十年的调查报告显示,通过甲虫进行生物防治使克拉马斯草锐减至最初的百分之一,结果"远远超出最乐观的预期"。甲虫的大量繁殖不会给人们造成危害,人类也需要保持一定数量的甲虫,以免克拉马斯草再次卷土重来。

澳大利亚也有着花费较小却非常成功的杂草防治案例。早期的殖民者都有将动植物携带到新国家的习惯。1787年,一位名叫亚瑟·菲利普的船长携带多种仙人掌抵达澳大利亚,试图用其饲养可作染料的胭脂虫。一些仙人掌从他的院子里扩散出去,到1925年,约有20种仙人掌在野外生长。在这片新土地上,不受自然控制的仙人掌扩张速度惊人,最终占据了约6 000万英亩土地。其中一半以上的土地上仙人掌(球)生长繁密,导致土地丧失了使用价值。

1920年,一批澳大利亚昆虫学家前往南、北美洲,研究当地仙人掌的昆虫天敌。经过对数种昆虫的反复实验,1930年,30亿颗阿根廷飞蛾卵被投放到澳大利亚。七年后,最后一片长势繁密的仙人掌地区被清理,一度不宜居住的地方又可以供人们居住、放牧了。昆虫防治的花费为每英亩不到1便士。相反,早期效果不尽人意的化学农药控制花费却高达每英亩10英镑。

这两个案例均表明,除治人们不想要的植物,最行之有效的办法也许应当关注植食性昆虫的作用。这些昆虫在食草动物中也许最为挑剔,但它们高度专一的摄食习性完全可以为人类所用,然而牧场管理科学却基本忽视了这一可能性。

第七章

全无必要的清剿

　　人类在朝着征服大自然的既定目标前进的过程中，造成过令人痛心的巨大破坏，不仅破坏了人类自身居住的地球，也危害到与之共享地球家园的其他生物。过去的几个世纪见证了多次恶性事件：灭绝性屠杀西部平原野牛，疯狂捕杀滨鸟用于商业买卖，灭绝性猎杀白鹭以获取羽毛。如今，凡此种种昭彰事迹之外，人类愈发变本加厉：向土壤中肆意喷施各类杀虫剂，直接造成鸟类、哺乳动物、鱼类和几乎所有野生动物死亡。

　　在欲图主宰世界的理念指导下，没有什么能够阻挡人类的喷雾枪。在消灭昆虫的征战中，人类毫不在乎那些意外遭牵连的受害者。如果知更鸟、野鸡、浣熊、猫或牲畜碰巧与目标清剿昆虫栖居在一起而遭受农药喷施，人们也不应该抗议。

　　如今，那些为受害野生动物主持公道的人左右为难。一方面，环保人士和野生动物学家断言，杀虫剂对野生动物造成了严重危害，有些危害甚至是灾难性的。另一方面，昆虫防控部门断然否认杀虫剂造成过危害，声称即便有危害也算不上太严重。我们到底应该接受哪一方的观点？

　　证人资质的可靠性至关紧要。野生动物学家因为致力于野外研究，最

有资格发表农药防控是否对野生动物造成伤害的言论。昆虫学家受其专业局限(专注于研究昆虫)往往不具备这样的资格。昆虫学家一则没有受过专业野外训练,再则心理上也不愿意承认昆虫防治项目造成了不良副作用。然而,联邦政府和各州昆虫防治专家(当然还有杀虫剂生产商)却义正词严地驳回了野生动物学家的报告,声称并未发现昆虫防控造成野生动物伤亡的证据。他们像《圣经》故事里的祭司和利未人那样,选择见危不救,视而不见。① 即使我们可以宽容一些,认为这种行为是因为专业人士与意图牟利之人的目光短浅,那也不意味着我们应该将他们视为有资质的证人。

要形成我们自己的判断,最好的方式是调查一些大型昆虫防治项目,向熟悉野生动物习性且不偏袒化学农药的观察者请教,当毒药像雨水一般倾泻而下,野生动物世界究竟发生了哪些变化。

对于鸟类观察者、在自家花园赏鸟为乐的郊区居民、捕猎者、垂钓者以及荒野探险者来说,任何伤害野生动物的行为,哪怕持续时间仅一年,也剥夺了他们享受大自然的合法权利。这个诉求非常正当。尽管有时候喷过一次农药后,某些鸟类、哺乳动物和鱼类能够自行恢复,农药造成的巨大伤害

①　参见《路加福音》10.29—37:有一个人从耶路撒冷下耶利哥去,落在强盗手中。强盗剥去他的衣裳,把他打得半死丢在路旁。一个祭司经过,看见后径直从另一边走开;又有一个利未人来到这地方看见遭难的人,照样从另一边走开。唯有一个撒马利亚人经过时动了慈心,上前用油和酒倒在遭难人的伤处,包扎之后扶他骑上自己的牲口,带到店里去照应。律法至上的祭司和利未人所忽视的怜悯爱心,反而是被一个"信仰与血统都不纯"的撒马利亚人做到了。卡尔森的措辞源于《圣经》中耶稣所做的好撒马利亚人的著名比喻,美国和加拿大有《善良的撒玛利亚人法》(Good Samaritan law),也称《无偿施救者保护法》,是给伤者、病人的自愿救助者免除责任的法律,目的在于使人做好事时没有后顾之忧,从而鼓励旁观者对伤病人士施以帮助。

却是一个不争的事实。

事实上,动物种群自行恢复的可能性并不大。人们一般都会重复施药。能够令野生动物有自行恢复机会的一次性喷施极为罕见。喷药的结果通常会毒化环境,形成致命的陷阱,不仅造成原生动物死亡,也使后来迁入该地的动物难逃厄运。喷药面积越大,危害越严重,广泛喷施之下不会存在安全绿洲。过去十年间,昆虫防治项目轰轰烈烈,喷施农药的土地高达数百万英亩,私人和公共用地上农药喷洒面积持续飙升,美国野生动物伤亡记录不断增加。我们一起来看一看这些昆虫防治项目,看看究竟发生了什么。

1959 年秋季,密歇根东南部包括底特律各郊县在内的约 27 000 英亩土地,接受了全覆盖式艾氏剂(毒性最大的氯代烃族农药之一)空中喷洒。该项目由密歇根州农业部门与美国农业部联合实施,据称意图防控日本金龟子。

采取如此猛烈而危险的清剿行动并无太大必要。密歇根州最负盛名、最有学识的博物学者沃尔特·尼克尔对该行动持反对意见。尼克尔毕生致力于田野研究,每年夏天都在密歇根南部待上很长一段时间,他说:"三十多年来,根据我的直接经验,底特律市日本金龟子数量很少,几十年来从未出现过明显增长势头。除了在政府设于底特律的捕虫器中见到过几只,迄今(1959)我还没在别的什么地方看到过日本金龟子……我从未获得过任何有关金龟子数量增多带来危害的信息。"

密歇根州官方机构仅仅通报说,拟对"出现"日本金龟子的区域实施空中农药喷洒。尽管缺乏正当理由,这个由州政府提供人力与监管计划,由联邦政府提供设施与后备人手,由社区提供杀虫剂的联合项目依旧如火如荼

地开展起来。

日本金龟子是一种被意外引入美国的昆虫。1916 年,人们在新泽西州里弗顿镇附近苗圃中发现一些闪着金属光泽的绿色甲虫。起初人们并不认识这种昆虫,后来确认是来自日本主岛的常见昆虫。很显然,它们是在 1912 年国会施行《植物检疫法》之前随着进口苗木入境美国的。

进入美国后,由于气温和降雨都很适宜,日本金龟子在密西西比河以东的很多州快速传播,每年都会向新领地扩张。在日本金龟子入侵较早的东部地区,人们尝试开展自然防控。有不少记录显示,实施自然防控的地区,金龟子数量被控制在相对较低的水平。

尽管东部地区已经有了合理的金龟子防控经验,处于金龟子侵入边缘地带的中西部地区,却不吝动用毒性最大的农药对这种危害较小的昆虫实施灭绝性清剿。这一针对金龟子的清剿行动及农药喷洒方式使得大量居民、牲畜和所有野生动物都暴露在剧毒农药之下。结果,日本金龟子防治项目不仅导致大量动物死亡,也无可争辩地给人类招致危险。密歇根州、肯塔基州、爱荷华州、印第安纳州、伊利诺伊州和密苏里州等很多地区都以防控日本金龟子为由,实施了空中农药喷洒。

密歇根州是最早实施大规模空中农药喷洒、防控日本金龟子的州之一。该州之所以选择剧毒化学农药艾氏剂,并非因为该药适用于日本金龟子防控,而仅仅是为了省钱。艾氏剂在可用农药中价格最低廉。尽管州政府在官方媒体发布会上承认艾氏剂"有毒",却也暗示说在人口密集地区使用艾氏剂不会对人们造成危害。(有人问:"我应该采取什么防护措施?"官方答复说:"什么措施都不用。")后来,当地媒体援引美国联邦航空局一位官员的话，说"空中喷洒非常安全"。来自底特律公园与休闲娱乐部门的一位代表也言之凿凿，"艾氏剂对动植物和人类都没有危害"。只能说，这些官员既没读过美国公共卫生署、鱼类和野生动植物管理局业已出版、随手可得的艾氏剂毒性分析报告，也没有查阅过艾氏剂含剧毒的其他相关文献。

根据密歇根州害虫防治法律，州政府施洒农药可以无需通知或获得私人土地所有者同意。因此，无数架飞机开始在底特律地区开展低空作业。焦虑的民众打爆了市政府和美国联邦航空局的电话。《底特律新闻报》称，警方在一个小时接了将近800通电话之后，恳请广播、电视和报纸出面"向民众解释他们所看到的情况，告诉他们农药喷施安全无害"。联邦航空局安全官员向公众保证"飞机经过严格监控"，有"低空作业授权"。为安抚民众的恐慌情绪，他甚至错误地告诉大家飞机有紧急阀装置，一旦发生危急情况可以瞬间将所有农药倾泻出去。万幸，"瞬间将所有农药倾泻出去"的情况并未发生。然而，飞机低空作业时，杀虫剂颗粒洒到日本金龟子身上，同时也洒落到人们身上，大量"据称无害"的毒药落在外出购物和工作的人身上，落在午餐时间放学的孩子们身上。家庭主妇将门廊和人行道上的小颗粒扫在一起，据说"看起来像雪一样"。后来，密歇根州奥杜邦协会说："屋顶木瓦缝隙里、屋檐沟槽中、树皮和树枝裂缝中，洒满数以百万计比针尖还小的艾氏剂白色颗粒……一旦雨雪降临，每一处小水洼都足以造成死亡。"

空中农药喷洒后没几天，位于底特律的奥杜邦协会就不断接到报告鸟类死亡情况的电话。协会秘书安·博伊斯女士说："星期天上午，我接到一位妇女打来的电话，说她从教堂回家的路上看到很多死亡或濒死的鸟，数量

惊人。这说明人们开始对空中喷洒的后果产生担忧。该地区于星期四喷施过农药。那位妇女在电话里说已经看不到一只飞鸟，还说她家后院发现了至少12只[死鸟]，说她的邻居还发现了死松鼠。"博伊斯女士那天还接到过其他电话，报告"大量死鸟，一只活的也没有……院子里设有饲食器的人说，根本就没有鸟前来觅食"。人们捡来的那些濒死的鸟，集体呈现出典型的杀虫剂中毒症状：颤抖、无力飞行、瘫痪和惊厥。

鸟类并不是唯一受到直接危害的动物。一位当地兽医报告说，他的诊所里挤满了带猫狗来看病的人。猫天性喜欢一丝不苟地梳理毛发、舔舐爪子，似乎病情最严重。猫和狗表现出的主要症状是严重腹泻、呕吐和抽搐。兽医唯一能给的建议就是尽量不让宠物到户外，一旦去了户外，回家后要立刻清洗爪子。（蔬菜、水果上的氯代烃无法清洗，估计这个防护措施也起不到什么作用。）

尽管大底特律地区卫生专员坚称鸟类死亡一定是"其他药剂"所为，人类接触艾氏剂后出现咽喉和胸部疼痛一定也是由"其他原因"造成，当地卫生部门还是源源不断地接到投诉。一位卓越的底特律内科医生曾在一小时内被请去为四位病人诊治，他们都在观看飞机作业时接触到艾氏剂。四例病人症状相仿：恶心、呕吐、发冷、发烧、浑身疲倦、伴有咳嗽。

因各地用农药防控日本金龟子呼声高涨，底特律的情形在其他很多地方反复上演。人们在伊利诺伊州蓝岛市捡到上千只死亡或濒死的鸟。从给鸟腿系识别环的人那里得来的数据显示，80%的鸣禽惨遭毒害。1959年，伊利诺伊州乔利埃特市约3 000英亩土地接受七氯喷施。当地户外运动俱乐部报告说，接受过农药喷施的地区，鸟类"彻底绝迹"。随处可见大量死掉的兔子、麝鼠、负鼠和死鱼。当地一所学校收集了那些被杀虫剂毒死的鸟，用于开展科研研究。

为了打造一个没有日本金龟子的世界，没有哪个地方比伊利诺伊州东部的谢尔顿市和易洛魁县周边地区付出的代价更惨重。1954年，美国农业部联合伊利诺伊州农业署沿日本金龟子入侵该州的路线开展清剿行动，他们满怀希望，也很有信心地借助广泛喷施药物剿灭入侵害虫。人们在当年开展了第一次"清剿行动"，向1400英亩土地实施艾氏剂空中喷洒，次年又对另外2600英亩土地进行了类似作业，当时认为灭杀任务圆满完成。孰料，此后需要喷洒农药的地区越来越多。截至1961年底，农药喷施面积已达131000英亩。项目实施最初几年，野生动物和家畜严重伤亡的情况已经十分明显。即便如此，在并未同美国鱼类及野生动植物管理局或伊利诺伊州狩猎管理部门协商的情况下，农药喷施行动仍在继续。（然而，1960年春天，美国联邦农业部官员却在国会委员会上反对一项要求提前协商的议案。他们委婉地宣布，合作与协商是"常有的事"，没必要为此专立议案。这些官员不认为"华盛顿层面"曾有不合作的情况。他们在该次听证会上明确表示，不愿意与各州渔业和狩猎管理部门协商。）

农药治理资金源源不断，然而伊利诺伊州自然历史调查所中那些想要测定化学农药对野生动物伤害的生物学家却严重缺少经费。1954年，用于聘任野外调查助手的经费仅为1100美元，1955年此项经费为零。生物学家克服种种严重困难，收集到大量证据，为人们呈现出一幅野生动物遭受空前毁灭的悲惨图景，而且这种毁灭在项目实施之初已经十分明显。

食虫鸟类中毒情况不仅与所用杀虫剂有关,也与杀虫剂喷施方式有关。谢尔顿市早期治理项目中,每英亩土地喷施 3 磅狄氏剂。想要了解该药对鸟类产生的危害,只需要记住,在实验室里对鹌鹑所做的实验显示,狄氏剂毒性为 DDT 的 50 倍。因此,谢尔顿市每英亩土地上喷施的毒药大概相当于 150 磅 DDT! 这个数字还只是最小值,因为人们会在农田边界和角落处重复补喷农药。

化学农药渗入土壤后,中毒的金龟子幼虫从土里钻出,爬到土壤表面继续存活一段时间,能够对食虫鸟类产生吸引。喷施农药两周后,土壤表面出现大量中毒死亡和濒死的昆虫。不难预料此种情形对鸟类数量产生的影响。褐弯嘴嘲鸫、八哥、草地鹨、鹩哥、野鸡几乎绝迹。有生物学家报告称,知更鸟"几乎绝种"。一场小雨过后,人们发现了大量被毒死的蚯蚓,知更鸟极有可能吞食这些蚯蚓。对其他鸟类来说情况也是如此,在剧毒农药的邪恶作用下,曾经有益的雨水变成了死亡之水。喷施农药几天后,在积水坑里喝过水、洗过澡的鸟显然都没能逃脱死亡厄运。

那些幸存下来的鸟也可能失去了繁育能力。尽管在喷施过农药的地方仍能看到一些鸟巢,仅少数巢中有鸟蛋,没有一处巢里孵出幼鸟。

在哺乳动物中,地松鼠已经灭绝,尸体呈中毒暴毙状。喷药地区还出现了死麝鼠,田里有不少死兔子。镇子里曾经随处可见的狐松鼠,喷施农药后已踪影全无。

清剿日本金龟子行动开始后,谢尔顿市的农场几乎遍寻不到猫的踪影。第一次狄氏剂喷洒行动后,农场里 90% 的猫中毒死亡。其他地方有过类似的恶性记录,这里原本可以避免此类情况。猫对所有杀虫剂(特别是狄氏剂）都极为敏感。世界卫生组织在爪哇西部开展的抗疟运动中，曾出现过多起猫中毒死亡报道。中爪哇的猫死亡数量巨大，导致猫的售价因此翻倍。与此类似，世界卫生组织在委内瑞拉抗击疟疾，也有报道称药物喷施造成猫的数量锐减，使其因此变成了珍稀动物。

在谢尔顿市抗击日本金龟子的战役中，遭受厄运的远不止野生动物和家养宠物。对若干羊群和牛群的观察显示，牲畜同样受到毒药和死亡的威胁。自然历史调查所的报告中有如下描述：

> 羊群经过在 5 月 6 日喷施过狄氏剂的田野，沿着一条沙石路来到对面未洒过农药、长着草地早熟禾（又名"六月禾"）的小牧场。很显然，一些农药粉尘已越过沙砾路飘落到牧场上，羊群几乎立刻出现中毒症状……不愿意吃草，焦躁不安，沿着牧场栅栏走来走去，显然想寻找出口……[羊群]赶也赶不动，咩咩直叫，站在那里耷拉着脑袋。最后，牧羊人想尽办法才把它们弄出牧场……羊群重度嗜水。在流经牧场的溪流中发现了两头死羊。其余的羊赶了好多次才赶上岸，费了很大劲才把其中几头羊从溪水中拽开。最后，又死了三头羊。其余的羊慢慢恢复。

这是发生在 1955 年底的事情。尽管随后几年化学药物的第三次世界大战一直在持续，但研究经费已经完全断流。自然历史调查所每年递交伊利诺伊州立法机构的经费预算中都列入野生动物与杀虫剂研究专项经费，但总是最先遭到砍除。直到 1960 年才弄到一点可怜的经费支付野外调研

助手的薪酬,而这位助手一个人需要承担四个人的工作量。

从 1955 年研究中断到 1960 年生物学家重新启动研究,野生动物遭荼毒的情形几乎没有任何改观,然而人们所使用的化学农药却从狄氏剂升级为毒性更强的艾氏剂。鹌鹑实验证明,艾氏剂毒性为 DDT 的 100 到 300 倍。此际,该地生活的每一种哺乳动物都受到不同程度的伤害。鸟类情况尤为严重。多诺万镇的鹩哥、八哥、褐弯嘴嘲鸫和知更鸟已经灭绝。在其他地方,上述鸟类与其他多种鸟类数量锐减。打野鸡的猎人最能感受到清剿日本金龟子行动造成的后果。在喷施过农药的地区,野鸡窝数量减少了大约一半,每窝孵出的小野鸡数量也减少了。前些年这里曾是打野鸡的绝佳之地,如今打不到野鸡,自然也就没有人再来了。

打着清剿日本金龟子旗号的这场战斗,给自然环境造成了巨大破坏。然而,易洛魁县 10 万多英亩土地历时八年的日本金龟子防控经验显示,喷洒农药只能产生暂时性抑制效果,日本金龟子的西进运动一直未曾中断。这项治理行动声势浩大却收效甚微,造成的野生动物死伤总数可能永远不为人知,伊利诺伊州生物学家估测的结果只是一个最小值。如果项目研究经费充足,对全部农药喷施范围进行调查统计,结果应该更加骇人听闻。在实施日本金龟子防治的八年时间内,生物学田野研究拨款仅为 6 000 美元。然而,联邦政府在此期间用于防控工作的经费却高达 375 000 美元,而州政府也投入了数千美元经费。因此,在整个日本金龟子防控项目中,用于研究的经费不足全部费用的 2%。

中西部地区怀着极大的恐慌情绪开展日本金龟子清剿战,俨然日本金龟子西进造成的威胁必须不惜一切代价进行阻击。然而事实断非如此。在这些遭受化学农药毒害的地方,人们如果知道日本金龟子进入美国的早期历史,肯定不会默许肆意喷洒农药的剿杀行径。

东部各州十分幸运,遭受日本金龟子侵袭之时,合成杀虫剂尚未问世。人们不仅成功对抗了虫灾,且所采取的防控措施未给其他生物造成危害。与底特律和谢尔顿市的大面积农药喷洒相比,东部地区就像什么事情都没发生过似的。东部采取的有效防控措施包括发挥自然调控作用,它在效果持久性和环境安全方面具有多重优势。

日本金龟子最初进入美国的十几年间,由于失去本土生物钳制得以迅速繁殖。但是到 1945 年,日本金龟子在扩张所达的地方没有构成危害。其数量减少主要得益于人们从远东地区引进了寄生性昆虫和专性致命病原菌。

从 1920 到 1933 年,经过在日本金龟子原生地的不懈调研,科学家将大约 34 种肉食性或寄生性昆虫从东亚国家输入美国,以开展自然控制。其中有 5 种昆虫在美国东部顺利存活下来。效果最好且分布范围最广的是一种来自韩国和中国的寄生黄蜂——春臀钩土蜂(也称"春黑小土蜂")。雌蜂在土壤中找到日本金龟子幼虫后,会向幼虫体内射入有毒液体令其麻痹,并将自己的一枚卵产在幼虫表皮下面。幼蜂孵出后以麻痹的日本金龟子幼虫为食,进而将其消灭。在大约二十五年时间里,通过州政府与联邦机构的项目合作,东部有十四个州引入春臀钩土蜂并广泛养殖。昆虫学家普遍认为这些春臀钩土蜂对防控日本金龟子起到了重要作用。

一种细菌性疾病发挥了更加重要的作用,能够对包括日本金龟子在内的整个鞘翅目昆虫产生影响。这种细菌非常特殊,不会攻击其他类型的昆

虫,对蚯蚓、恒温动物和植物无害。这种病原菌芽孢生长在土壤中,日本金龟子幼虫吞食后,其血液里的病原菌芽孢会快速繁殖,致使幼虫身体变成异常的乳白色,因此该病俗称"乳白病"或"乳样病"。

1933年,人们在新泽西州首先发现乳样病,到1938年,该病在日本金龟子较早侵袭的地区已十分普遍。1939年,人们发起一项旨在加速乳样病传播的防控计划。在找不到繁殖病原菌的人工媒介的情况下,科学家发现了一种满意的替代办法:将感染病原菌的日本金龟子幼虫碾碎、晾干,与白土粉混合。混合标准为每克白土粉中含有一亿个病原菌芽孢。从1939到1953年,东部14州约94 000英亩土地接受了联邦机构与州政府的联合防控治理,隶属联邦政府的其他土地也接受了治理,还有一大片土地(具体面积不详)接受了私人机构或个人的防控治理。1945年,乳样病蔓延到康涅狄格州、纽约州、新泽西州、特拉华州以及马里兰州等各州日本金龟子活动区域。在一些实验地区,日本金龟子幼虫染病率高达94%。1953年,政府终止开展乳样病芽孢杆菌扩散项目,将该项工作交由私人实验室负责,继续为个人、园艺俱乐部、市民协会以及其他对日本金龟子防控感兴趣的人提供服务。

实施过该防控项目的东部地区,目前已经实现了对日本金龟子的良好生态防控。芽孢杆菌能够在土壤中存活多年,因此可以说形成了永久防控效能——通过自然介质持续扩散,防控效果日益增强。

既然东部在防控日本金龟子方面取得了显著成绩,为何伊利诺伊州以及中西部各州没有借鉴使用同样的方法,反而发动了如此疯狂的农药歼灭战?

有人说,乳样病芽孢接种防控"过于昂贵",然而,20世纪40年代东部

14 州却没有人这么认为。"过于昂贵"的结论是通过何种计算方式得来的？绝对不是通过对谢尔顿市药物喷洒所造成的全面破坏进行评价的同一种计算方式。"过于昂贵"论者忽略了一个事实：乳样病芽孢杆菌接种仅需一次，没有任何后续追加成本。

还有人说，乳样病芽孢杆菌不适用于日本金龟子活动范围的边缘地带，因为它们只能在日本金龟子幼虫密集的土壤中存活。与其他很多支持农药喷施的论调一样，这一说辞同样值得怀疑。导致乳样病的病原菌能够感染至少其他 40 种甲虫，这些甲虫分布均非常广泛。即便在日本金龟子数量极少，甚至不存在的地方，这种病原菌也能够造成乳样病传播。此外，由于芽孢杆菌能够在土壤中存活很长时间，即使在尚未有日本金龟子幼虫出现的区域，也可以像目前日本金龟子分布边缘地带一样引入芽孢杆菌，伺机等待可能到来的日本金龟子侵袭。

毫无疑问，那些想要看到短期防控效果的人，不管花费多大代价都会坚持使用化学农药灭杀日本金龟子；那些从现代"计划性淘汰"①中得到好处的人，因为化学防控需要持续、反复投入经费，也会坚持使用化学农药灭杀日本金龟子。

相反，那些想要得到圆满结果而等待一两个季度的人，则会选用乳样病芽孢杆菌。随着时间的推移，在持久防控日本金龟子方面，他们取得的效果不会减弱，反而会增强。

————————————

① 工业设计和经济学中所谓的"内置报废"（built-in obsolescence），也叫"计划性淘汰"，指在设计产品时人为地设定使用寿命，这样产品在过了一段时间以后就会过时或者不好用。

美国农业部伊利诺伊州皮奥里亚实验室正在进行广泛研究,力图研发培育乳样病芽孢杆菌的人工介质。如果研发成功,将极大降低成本,有利于该防控技术的广泛推行。经过几年的努力,已有不少成功的报道。一旦实现全面的"技术突破",我们在抗击日本金龟子时也许能够重拾中西部灭杀浩劫中丧失的理性与洞察力。

伊利诺伊州东部农药喷洒所引发的不仅是科学命题,更是一个道德命题。是否哪一种文明能够对其他生命发动无情战争,却既不毁灭自己,也不丧失被尊为文明的资格?

这些杀虫剂并不具备选择能力,不会专门针对我们想要除掉的物种。人们选用这些农药,仅仅是因为它们具有致命毒性。因此,接触过农药的所有动物都会中毒,从主人心爱的小猫、农民的耕牛、田间的兔子到空中飞翔的角百灵。这些动物对人类没有任何危害。实际上,正是这些动物及其同类的存在,才使得人类的生活丰富多彩。然而,人类回报给它们的却是突然而至的恐怖死亡。谢尔顿市一位科学观察员对一只濒死的草地鹨有过如下描述:"它侧躺着,尽管肌肉失去协调能力,不能飞翔,也不能站立,却死命扑棱着翅膀,爪子努力地想要抓握着什么。嘴巴张得大大的,呼吸十分困难。"更可怜的是那些死状凄惨的地松鼠,"死时形状非常典型。背部弓起,前肢紧紧曲缩在胸前……头颈竭力向外伸,嘴里含着泥巴,说明死前曾啃咬过地面"。

默许这样一场生灵涂炭的行动,作为人类,我们当中有谁能够免遭拷问?

第八章

鸟儿不再歌唱

现在,美国越来越多的地方,春天没有鸟儿飞来报春。曾经充满鸟儿欢唱的清晨变得异常安静。随着鸟声鸣唱的骤然消逝,它们赋予这个世界的美妙色彩和无穷乐趣也随之消失。这些变化倏然而至,没有任何征兆,尚未遭受影响的地方人们浑然未觉。

1958 年,伊利诺伊州欣斯岱尔镇一位绝望的家庭主妇给美国自然历史博物馆鸟类馆名誉馆长、世界著名鸟类学家罗伯特·库什曼·墨菲写了一封信:

几年来,人们一直向村里的榆树喷药。六年前我们刚搬来的时候,这里有各种各样的鸟儿。我搭了一个喂鸟架,每年冬天,北美红雀、山雀、绒毛鸟和五子雀成群结队地前来觅食。到了夏天,北美红雀和山雀还会带着幼鸟前来。

喷洒了几年 DDT 之后,知更鸟和椋鸟在镇上几乎绝了踪迹。我的喂鸟架上已经整整两年没见到山雀了,今年红雀也没了影子。在邻近

地方营巢安居的鸟儿似乎只剩下一对鸽子和一窝猫鸟。①

孩子们在学校里学过,知道联邦法律禁止捕杀鸟类,因此我很难向他们解释这些鸟都被人们杀死了。孩子们问我:"鸟儿还会回来吗?"我无言以对。榆树正接连死去,鸟儿也不断遭受厄运。政府是否正在采取措施?有什么措施可以采取?我能做些什么吗?

为了消灭火蚁,联邦政府采取大规模农药喷施计划。一年后,阿拉巴马州一位妇女写道:"在过去的半个多世纪,我们这里素称'鸟天堂'。去年7月我们还在感叹:'今年来这里的鸟儿比往年还要多。'然而,到了8月中旬,鸟儿一下子全都不见了。我习惯于每天早起照顾我心爱的母马,它产下了一匹小母马。然而,如今起床后却再也听不到一声鸟叫。简直太可怕了。人类对这个无比完美的世界做了什么?五个月后,终于飞来了一只冠蓝鸦和一只鹪鹩。"

在她信中提到的那个秋天,美国南部地区也发布了一些报告,情况非常严峻。全美奥杜邦协会和美国鱼类及野生动植物管理局每季度联合发布的《野外观察》中也提到了这一令人震惊的现象,密西西比州、路易斯安那州和阿拉巴马州的"不少地方鸟类已彻底绝迹"。《野外观察》发布的报告均出自经验丰富的鸟类观察者,他们有多年实地观测经验,对所在地区鸟类生活习性无比熟悉。其中一位观察家报告说,那年秋天她驱车行驶在密西西比州南部地区,"很长一段距离都见不到一只鸟"。路易斯安那州首府巴吞

---

① 猫鸟(Catbird),又名猫声鸟、猫鹊。猫鸟的名字就源于它像猫叫一样刺耳的叫声,一般在发怒或伤心的时候才会发出这种叫声,通常而言,猫鸟叫声旋律美妙,也能模仿别的鸟的叫声。

鲁日的另一位观察家说,她放在室外喂鸟架里的饲料"一连几个星期"都没有动过。往年这个时候,她家院子里灌木上的果子早已被鸟吃光了,今年果子却依然挂满枝头。还有一位观察者报告说,家里的大落地窗前"以往经常聚集着四五十只北美红雀和其他鸟类,放眼望去,一片火红,现在却连一两只都很难见到"。西弗吉尼亚大学的莫里斯·布鲁克斯教授专攻阿巴拉契亚地区鸟类研究,他说西弗吉尼亚地区鸟类数量锐减,"速度令人难以置信"。

下面的事件可看作是鸟类的典型厄运。有几种鸟儿已经遭此厄运。所有鸟儿都面临着这种威胁。这是一则关于知更鸟的故事。对千百万美国人来说,知更鸟可谓家喻户晓,第一只知更鸟的到来,意味着寒冬已经过去。[①]媒体会争相报道知更鸟飞来的消息,人们在茶余饭后也会对此津津乐道。随着候鸟回迁,层林染上一抹新绿,成千上万美国人会在第一丝曙光中,聆听到知更鸟的黎明大合唱。然而,如今一切都变了。人们甚至不确定知更鸟是否还会回来。

知更鸟的生死存亡(事实上是很多其他鸟类的生死存亡)似乎都跟美国榆树(也称"美国榆")的命运紧密联系在一起。从大西洋沿岸到落基山脉,榆树是成千上万座美国城镇历史的见证者,浓密的树荫装点着城市街道、乡村广场和大学校园。突然之间,所有美国榆都染上了一种严重疾病,不少专家宣布任何救治措施都不见成效。失去这些榆树固然令人痛心,但

---

① 知更鸟(Robin)是一种小型鸣禽,分布于欧洲、亚洲西部和非洲北部。英国人无论到哪儿定居,心里总怀念着知更鸟,因而把一些外表大致相仿,其实种属迥异的鸟类,也称为知更鸟,于是就出现了印度知更、北美知更和澳洲知更等称呼。知更鸟飞来预告春天来临,这种鸟不仅羽毛美丽,歌声也动人,很受人们欢迎;因为这种鸟常常在果园内外营巢,捕食昆虫和其他可能危害作物的虫类,也深受农民喜爱。

如果在救治榆树的徒劳中置大量鸟类于死地,我们面临的损失将更加惨重。然而,我们目前正面临着这样的威胁。

1930年前后,装饰板材行业从欧洲进口榆树段,将真菌性疾病"荷兰榆树病"带到了美国。真菌侵入榆树导管系统后,芽孢通过榆树汁液循环扩散,分泌出有毒物质,加之对榆树导管系统的破坏,导致枝干枯萎、树木死亡。这种疾病通过树皮甲虫在染病树木和健康树木之间传播。树皮甲虫在死亡的树皮下挖洞,洞穴里满是病原菌芽孢,芽孢附着在树皮甲虫身上。甲虫飞到哪里,疾病就传播到哪里。因此,控制榆树病原菌很大程度上取决于对树皮甲虫的防控。于是,美国很多地方尤其是榆树分布较广的中西部地区和新英格兰地区,大规模喷洒杀虫剂已经成为常规工作。

大规模喷洒杀虫剂会对鸟类尤其是知更鸟带来什么影响?这个问题最先由两位鸟类研究学者——密歇根州立大学乔治·华莱士教授和他的研究生约翰·梅纳给出了明确答案。1954年,梅纳先生开始攻读博士学位,他将跟知更鸟数量有关的研究选为自己的课题。该研究课题纯属巧合,当时还没有谁怀疑知更鸟会面临威胁。然而,他的研究刚刚开始,情况就发生了变化。发生的事情不仅改变了他的研究性质,实际上还剥夺了他的研究对象。

1954年,密歇根州立大学针对荷兰榆树病在校园内尝试进行小范围农药喷施。次年,东兰辛市(密歇根州立大学所在地)也加入到这一行动中。校园喷药范围扩大,加之当地正在防控舞毒蛾①和蚊虫,化学农药像暴雨一

---

① 舞毒蛾(Gypsy Moth),鳞翅目,毒蛾科,也称秋千毛虫、柿毛虫、松针黄毒蛾、吉卜赛飞蛾等。

样倾泻而下。

1954年，校园试行小范围农药喷施后，似乎一切如常。第二年春天，迁徙的知更鸟跟往年一样飞回校园。像汤姆林森①散文名篇《失去的树林》中的蓝铃草一样，这些知更鸟返回熟悉的领地，"没料到会发生不测"。然而，很快一切都变了。校园里开始出现死亡或濒死的知更鸟。知更鸟以往觅食和栖息的地方如今却见不到几只鸟。没有几座鸟巢，也没有几只幼鸟。接下来的几个春天都依旧是这样的情形。喷洒杀虫剂的区域变成了死亡陷阱，每一批飞回的知更鸟不到一个星期就会死光。随后，新的知更鸟飞来，结果也注定会死掉，死前抽搐不已、痛苦万状。

华莱士教授说："对大多数春天来这里安家落户的知更鸟来说，校园成了它们的葬身之地。"但究竟是什么原因造成了这样的后果？一开始，他怀疑知更鸟患上了神经系统疾病，但他很快发现"尽管使用杀虫剂的人信誓旦旦地保证杀虫剂'不会对鸟类造成危害'，知更鸟却的确死于杀虫剂中毒。它们表现出的症状非常典型：身体失去平衡能力，接着抽搐不已，继而陷入昏厥，直至死亡"。

若干事实表明，知更鸟并非死于直接农药中毒，而是因为食用蚯蚓造成间接中毒。在一个研究项目中，工作人员因疏忽误用校园里的蚯蚓喂食实验小龙虾，导致所有小龙虾立刻死亡。实验室笼子里的一条蛇食用蚯蚓后抽搐不已。春天，蚯蚓是知更鸟的主要食物。

伊利诺伊自然历史调查所（坐落于厄巴纳市）的罗伊·巴克博士很快

---

① 亨利·梅杰·汤姆林森（H. M. Tomlinson, 1873—1958），以反战思想和旅行文学著称。

揭开了知更鸟死亡之谜的关键一环。巴克博士在1958年出版的著作中厘清了一系列错综复杂的关系,证明知更鸟的死亡跟美国榆树有关,将这两者联系在一起的媒介便是蚯蚓。每年春天,人们会向榆树喷洒杀虫剂(通常剂量为每50英尺高树身喷2至5磅DDT,这就意味着在榆树相对密集的地方,每英亩喷23磅DDT),7月份往往会再喷一次,浓度大约减半。威力十足的喷枪射出药柱,将高大的树木通体喷遍,不仅树皮甲虫顿时毙命,授粉昆虫、捕食性蜘蛛和甲虫等其他昆虫也全部在劫难逃。农药在树叶和枝干表层形成一层雨水冲刷不掉的毒膜。到了秋天,地面堆积的落叶腐烂下渗到土壤中。在此过程中,蚯蚓发挥了介质作用。蚯蚓喜欢食用榆树叶,在食用树叶的过程中,蚯蚓摄入杀虫剂,这些药物在蚯蚓体内蓄积,浓度不断增加。巴克博士在蚯蚓的消化道、血管、神经和体壁中均发现了DDT残留。毫无疑问,有些蚯蚓会中毒死亡,而幸存下来的蚯蚓则会成为毒素的"生物放大器"。春天,知更鸟飞来后,这个循环中就增加了一个环节。11条大蚯蚓体内所含的DDT足以毒死一只知更鸟。而一只知更鸟每天食用的蚯蚓数远远不止这个量(它在几分钟内就会吃掉10到12条蚯蚓)。

　　并非所有的知更鸟都摄入了致死剂量的农药残留。还有一个后果也会像夺命农药一样导致知更鸟灭绝。被研究的知更鸟乃至当地所有的动物都难逃不育的阴影。现在,密歇根州立大学185英亩校园中,每年春天只有20到30只知更鸟,而喷洒杀虫剂之前,校园内至少有370只成年知更鸟。1954年,梅纳观察的每一处知更鸟鸟巢都有鸟蛋。要是没有喷洒农药的话,到1957年6月底,至少应该有370只幼鸟(正常的更新换代)在校园内觅食,而梅纳却只发现了一只幼鸟。一年之后(即1958年),华莱士教授说:

"今年春夏两个季节，我在校园内没有看到过一只知更鸟，而且，我也没有听说谁见到过。"

没有幼鸟出生的部分原因可能是营巢繁育完成之前，一对知更鸟中的一只或两只就死了。然而，华莱士教授的重要发现却指向一个更残酷的真相：鸟类的繁殖能力遭到毁坏。1960 年，华莱士教授在国会委员会上报告说："他发现知更鸟和其他鸟类完成营巢却没能产蛋，而即便产了鸟蛋也伏窝了，却孵不出幼鸟。我们观察到，有一只知更鸟锲而不舍地伏窝 21 天，结果也没能孵出幼鸟。而正常的伏窝仅需 13 天……我们分析发现，处于繁殖期的鸟类的睾丸和卵巢里都存有高浓度 DDT……10 只雄鸟睾丸中 DDT 含量为 30—109 ppm，两只雌鸟卵泡中 DDT 含量分别为 151 ppm 和 211 ppm。"

不久，其他地区陆续发布研究结果，情况同样令人担忧。威斯康星大学约瑟夫·希基教授和他的学生对比研究了喷洒杀虫剂和未喷洒杀虫剂的地区后，发现喷洒地区的知更鸟死亡率为 86% 到 88%。为了研究榆树喷洒杀虫剂导致的知更鸟死亡数量，1956 年，位于密歇根州布隆菲尔德山的克兰布鲁克科学研究所要求人们将所有疑似 DDT 中毒死亡的鸟类送到研究所进行化验分析。人们的回应大大超出预期。不到几个星期，研究所内长期闲置的设施全部开始超负荷工作，不得不拒收很多实验样本。到 1959 年，仅这一个地区就上交或报告了 1 000 只中毒死亡的鸟。尽管其中知更鸟占比例最大（一位女士给研究所打电话，称自家草坪里正躺着 12 只死知更鸟），该研究所收到的样本中还有其他 63 种鸟类。

当然，知更鸟只是榆树喷洒杀虫剂造成的破坏性链条中的一环。而且，榆树喷药计划仅仅是为数众多的农药喷洒项目中的一个。约有 90 种鸟类

死亡数量都很大,其中不乏郊区居民和业余自然爱好者熟知的一些种类。在一些喷洒过杀虫剂的城镇,营巢繁育的鸟类数量总体下降了90%。正如我们接下来会了解到的那样,从在地面、树梢和树皮上觅食的鸟类到肉食猛禽的各种鸟都受到了影响。

我们完全有理由相信,以蚯蚓或其他土壤生物为主食的所有鸟类和哺乳动物都像知更鸟一样遭受到死亡威胁。蚯蚓是45种鸟类的部分食物来源。这其中就包括丘鹬。丘鹬在南方地区过冬,但那里最近喷洒了大量七氯。目前已有两项针对丘鹬的重要研究发现:其一是新布朗士威丘鹬繁殖基地幼鸟数量大大减少,其二是丘鹬成鸟体内含有大量DDT和七氯残留。

还有一些报告说另有20多种地面觅食的鸟类大量死亡,这些报告令人惴惴不安。这些鸟类主要食用的蠕虫、蚂蚁、蛆虫或其他土壤生物体内都含有毒素。这些大量死亡的鸟中包括声音最婉转动听的三种鸫鸟:橄榄背鸫、黄褐森鸫和隐夜鸫。在森林落叶中窸窸窣窣觅食的歌带鹀(又称"北美歌雀")和白喉带鹀这两种鸟也遭到榆树救治项目的戕害。

哺乳动物也被直接或间接地卷进这一连锁反应链中。蚯蚓是浣熊的一种重要食物,负鼠在春秋季节也会食用蚯蚓。地鼠和鼹鼠这类在地下生活的哺乳动物也大量捕食蚯蚓,继而将毒素传给捕食它们的天敌鸣角鸮和仓鸮等。春天下过暴雨后,威斯康星州有人捡到几只濒死的鸣角鸮,很可能是因为食用蚯蚓中毒。人们还发现老鹰和猫头鹰(包括美洲雕鸮、鸣角鸮、赤肩鵟、雀鹰和泽鹰等)出现抽搐症状。这可能是由于它们捕食的鸟类、鼠类肝脏和其他脏器中蓄积了大量毒素,因此导致继发性中毒。

受榆树喷洒杀虫剂危害的不单是地面觅食的鸟类及其捕食者。在喷洒杀虫剂比较严重的地区,所有在树冠、树叶上捕食昆虫的鸟类也都销声匿迹。这些森林中的精灵包括红冠鹟鹟、金冠鹟鹟、小食虫鸣禽等各类会唱歌的鸟。每年春天,这些鸟成群飞来,为林间增添了绚丽的色彩。1956年,春天来得比往年晚一些,杀虫剂喷洒的时间因此延后了,正巧赶上大群鸣禽迁徙飞来。结果是几乎所有飞来的鸟儿都死了。在威斯康星州的白鱼湾地区,往年至少能看到上千只黄腰白喉林莺。1958年,榆树喷洒杀虫剂后,鸟类观察者仅仅发现了两只黄腰白喉林莺。如果把其他地区的鸟类死亡情况算在一起,数量就更为庞大了。死亡的鸣禽中包括形体优美、深受人们喜爱的各种鸟类:黑白森莺、黄林莺、纹胸林莺、栗颊林莺、5月婉转鸣唱的橙顶灶莺、双翅一抹火红的黑斑林莺,还有栗胁林莺、加拿大林莺和黑喉绿林莺,等等。这些在树梢枝头觅食的精灵或因食用昆虫中毒死亡,或在昆虫遭到灭杀后因食物短缺饿死。

食物短缺也严重危及空中飞舞的燕子,它们像鲱鱼在大海中觅食浮游生物一样,努力在空中捕食飞虫。威斯康星州一位自然学家报告说:"燕子的受害情况十分严重。人人都在抱怨,跟四五年前相比,燕子数量少了很多。四年前,空中到处飞舞着燕子。然而,现在却几乎看不到……导致这种情况的原因可能是喷药使得昆虫数量减少,也可能是因为燕子食用中毒昆虫导致了死亡。"

这位观察者还提到其他鸟类的情况:"另一种明显减少的鸟类是东菲比霸鹟。且不说小霸鹟几乎绝迹,就连体格壮硕的普通东菲比霸鹟也没有了。我今年春天见到过一只,去年春天也仅见到过一只。威斯康星州其他猎鸟人纷纷抱怨。我以前投喂过五六对北美红雀,现在连一只也没有了。

从前,每年都会有鹩鹩、知更鸟、猫鸟和鸣角鸮来我们家花园里营巢。今年连一只也没有。夏天的清晨再也听不到鸟儿歌唱。只剩下一些害鸟、鸽子、椋鸟和家麻雀。太悲惨了,简直让人无法忍受!"

秋天,人们对榆树进行休眠期喷药,药物渗入树皮缝隙,这大概是山雀、五子雀、凤头山雀、啄木鸟和美洲旋木雀数量急剧减少的主要原因。1957年冬天,华莱士教授多年来头一回发现自家喂鸟架上见不到山雀和五子雀的踪影。他后来发现的三只五子雀还原出一个悲惨的因果过程:一只五子雀正在榆树上觅食,另一只奄奄一息,表现出典型的 DDT 中毒症状,第三只已经死亡。后来发现,那只濒死的五子雀体内 DDT 含量达 226 ppm。

这些鸟类的进食习惯不仅使它们易受杀虫剂的危害,也使得死亡数量特别巨大。例如,白胸五子雀和美洲旋木雀的夏季食物主要是各种危害树木的昆虫虫卵、幼虫和成虫。山雀近四分之三的食物来源于各个生长阶段的昆虫。A. C. 本特的不朽巨著《北美常见鸟类生活史》中记载了山雀的进食习性:"一群山雀刚刚落在树上,每只鸟都开始仔细搜索藏在树皮、树枝和树干上的微小食物(诸如蜘蛛卵、茧,或其他休眠昆虫)。"

许多科学研究已经证明,在各种情况下鸟类对控制昆虫数量都起着关键性作用。比如,控制恩格曼云杉甲虫主要靠啄木鸟,它可以将甲虫数量减少 45% 到 98%。啄木鸟在控制苹果蠹蛾方面发挥着重要作用。山雀和其他冬季鸟类则可以保护果园免受尺蛾幼虫的危害。

然而,自然界的这种自然调控已经不会出现在化学药品风行的当今时代。喷洒杀虫剂不仅剿除了昆虫,也杀死了它们的主要天敌:鸟类。一旦昆虫卷土重来(这种情况通常会发生),我们却完全没有可以对其进行遏制的鸟类了。正如威斯康星州密尔沃基公共博物馆鸟类馆馆长欧文·J. 格洛姆投给《密尔沃基日报》的稿件中所写："昆虫的最大天敌是其他捕食性昆虫、鸟类和一些小型哺乳动物,但是 DDT 不加区分地将它们全部杀死,而遭戕害的对象甚至包括大自然的卫士……我们难道要以进步的名义,自食残忍灭杀昆虫之恶果? 只图一时安逸的残忍灭杀,最终注定会失败。榆树被毁灭、大自然的卫士鸟类被鸩杀绝迹,新的害虫继续侵害其他树种,我们该如何应对?"

格洛姆先生说,在威斯康星州实施农药喷洒的这些年,报告鸟类死亡的电话和来信络绎不绝。询问过后总会发现,出现鸟类死亡情况的地方往往刚刚喷洒过农药。

美国中西部地区大多数研究机构(如密歇根州的克兰布鲁克科学研究所、伊利诺伊州自然历史调查所和威斯康星大学)的鸟类学家和生态环境保护学家都有过与格洛姆先生相似的经历。浏览一下各地报纸的"读者来信"专栏就会发现,几乎所有喷洒过农药的地方,民众都对此举义愤不已,他们比那些下令喷施农药的官员更清楚农药的危害以及农药喷施的不合理。"我真担心,用不了多久这些美丽的鸟儿就会死在我家后院,"密尔沃基的一位妇女写道,"这些鸟儿太可怜了,简直令人心碎……而且,令人失望和愤怒的是,喷洒农药显然达不到这场屠戮希冀达到的目的……请你们仔细想想吧,不保护鸟类,能够保护树木吗? 在自然界,树木和鸟类不是相互依存的吗? 难道就找不到保持自然平衡却不毁及自然的方法吗?"

其他读者来信说,尽管榆树是遮阴美化佳木,可也不是传说中尊崇的"圣牛",为了保护它们非得对其他生灵大开杀戒。"我一直都很喜欢榆树,

榆树就像我们的地标一样，"另一位威斯康星州妇女来信写道，"但是，我们还有许多其他种类的树木……我们也要保护鸟类。谁能想象，没有知更鸟鸣唱的春天，生活会变得多么无趣、多么可怕？"

对公众来说，这似乎是个非黑即白的简单选择：我们应该保护鸟类还是保护榆树？实际问题并没有这么简单。化学农药防控领域充满讽刺，如果我们继续沿着现在的道路走下去，到最后我们可能会同时失去鸟类和树木。通过喷药拯救榆树的危险幻想，只会让一个又一个地方陷入巨额开支的泥沼，却不会产生预期的持续效果。康涅狄格州格林尼治市连续十年喷施农药。有一年，干旱为甲虫提供了有利的繁殖条件，榆树死亡率陡然上升了 10 倍。1951 年，伊利诺伊大学所在的厄巴纳市首次出现荷兰榆树病。1953 年政府开始喷洒农药。到 1959 年，尽管已经连续喷了六年农药，校园里 86% 的榆树仍然未能保住，其中半数以上的榆树死于荷兰榆树病。

俄亥俄州托雷多市发生的类似事件引起林业部负责人约瑟夫·斯维尼的重视，他开始认真核查农药喷洒造成的后果。该市从 1953 年开始喷施农药，一直持续到 1959 年。斯维尼先生发现，在相关"专家、权威"建议喷施农药的六年后，全市范围的槭绵蜡蚧危害反而比之前更严重。他决定亲自检查荷兰榆树病的施药结果。研究发现令他震惊：托雷多市"得到控制的地区是那些将染病或有虫卵寄生的树木迅速移除的地区，而喷洒药物的地区情况已经完全失控。在一些没有对荷兰榆树病采取任何措施的乡村地区，疾病传播速度反而没有城市快。这也说明杀虫剂将害虫的天敌一并杀死了"。

"我们正在放弃对荷兰榆树病进行农药喷施。如此一来，我会跟那些支持美国农业部主张的人产生分歧，但我会用事实对他们进行有力的回击。"

我们很难理解,为什么最近才被荷兰榆树病波及的中西部城镇,竟然不预先调查其他地区在该问题上取得的长足经验,贸然采取耗资巨大的农药喷施计划。比如,纽约州在持续控制荷兰榆树病方面经验就非常丰富。据说在 1930 年前后,带病榆木正是通过纽约港入境美国,如今纽约州在荷兰榆树病防控方面成绩卓著。然而,这个成绩并非通过喷施农药得来。实际上,纽约州农业推广部门从不建议通过喷药进行防控。

那么,纽约州是通过何种方式取得如此卓著的成效的?从最初控制荷兰榆树病至今,该州一直采取严格的防卫措施,即迅速移除并毁掉生病或感染的树木。最初的控制效果不尽如人意,因为刚开始人们并不知道,不仅应该毁掉染病的榆树,也应该同时毁掉那些可能已有树皮甲虫产卵的榆树。人们砍伐受到感染的榆树,劈成木柴储存起来,如果来年开春前没有烧掉,就会滋生出大量携带病原菌的树皮甲虫。而传播荷兰榆树病的罪魁祸首正是 4 月末和 5 月结束冬眠出来觅食的成熟甲虫。纽约州昆虫学家在经验中摸索,学会识别那些存在甲虫繁殖且易于传播疾病的树木。通过集中处理这些危险树木,不仅取得良好的控制效果,而且将防治成本控制在合理区间内。到 1950 年,纽约市 55 000 株榆树中荷兰榆树病发病率降低到 0.2%。1942 年,纽约州维斯切斯特县启动疾病防卫计划。在其后 14 年中,榆树年损失率仅为 0.2%。布法罗市 185 000 棵榆树通过防卫计划取得非常好的控制效果,最近几年榆树年损失率仅为 0.3%。换句话说,按照这样的损失速度,布法罗市的榆树要 300 年时间才会消失。

纽约州中部锡拉丘兹城的情况尤其引人瞩目。1957 年以前,该城并未

采取实质性的应对措施。1951 至 1956 年间,锡拉丘兹城损失接近 3 000 株榆树。之后,纽约州立大学林学院霍华德·米勒广泛动员民众,移除所有染病榆树和可能携带病原菌的榆木。如今,榆树年损失率降至 1%以下。

纽约州专家特别强调荷兰榆树病防控方法的经济性。纽约州立农学院的 J. G. 马特西说:"大多数情况下,相对可能达到的防控效果而言,实际费用非常小。""如果疾病造成树枝枯死或断裂,为了避免造成财产损失或人员伤亡,需要把树枝砍掉。如果烧火用的柴堆中带有病原菌,要么赶在开春前将木柴烧完,要么将树皮剥掉,要么将木柴存放在干燥地方。大城市里大部分死掉的树木最终都需要清理,所以对染上荷兰榆树病死亡或濒死的榆树来说,立刻砍除所花费的钱不会比后来需要的花费多。"

只要防卫措施科学、理性,人们面对荷兰榆树病并非完全束手无策。尽管目前还没有发现将其彻底根除的有效方法,然而一旦将防卫措施落实到位,就能够把疾病控制在合理范围内,无需动用无效且给鸟类造成毁灭性灾难的手段。树木育种技术也可以提供解决之道,实验表明,科研人员有望培育出能够抵抗荷兰榆树病的杂交榆树品种。欧洲榆树具有高抗病性,华盛顿地区已经大量种植这种欧洲榆树。即便在本地榆树发病率很高的时候,这些欧洲榆树也能够安然无恙。

在榆树死亡率高的地区,我们迫切需要通过实施育苗和造林项目来补种苗木。尽管补种项目包括抗病性高的欧洲榆树,但增加树种多样性对于防止未来疫情导致整个地区树木悉数遭劫非常重要。健康的动植物群落的关键在于英国生态学家查尔斯·埃尔顿所言的"生物多样性保护"。目前发生的一切,很大程度上跟过去上百年来的生物单一化有关。二三十年前,并没有人知道在大片区域内种植单一树木将会招致灾难性后果。因此,很多城镇大街两旁和公园里全部栽种了榆树。如今,榆树死了,鸟也跟着死了。

另一种美国鸟类跟知更鸟境况相似,似乎也濒临灭绝。那就是美国的国家象征:白头海雕①。过去十年,白头海雕的数量正以惊人的速度锐减。事实表明,白头海雕的生存环境出了问题,导致其繁育能力遭到破坏。虽然具体原因尚无定论,但有证据显示杀虫剂难辞其咎。

在北美洲,研究人员最关注的是美国佛罗里达西海岸从坦帕到迈尔斯堡沿线营巢繁育的白头海雕。从 1939 至 1949 年,温尼伯市退休银行家查尔斯·布罗利因为曾给 1 000 余只白头海雕幼鸟戴上环志,在鸟类学界名声大振。(在他之前,历史上仅有 166 只鹰戴过环志。)布罗利先生在冬季幼鸟飞离巢穴前给它们戴上环志。后来人们对这些戴环志的白头海雕进行研究,发现出生在佛罗里达的白头海雕能够沿着海岸往北进入加拿大,最远甚至到达爱德华王子岛。此前,人们原本以为这些白头海雕不迁徙。每年秋季,这些白头海雕返回南方,宾夕法尼亚州东部的霍克山因此成了著名的白头海雕迁徙观测地。

给白头海雕戴环志的头几年,布罗利先生从事研究工作的海岸地区通常能发现 125 处包含幼鸟的巢。每年约有 150 只白头海雕幼鸟被戴上环

① 人们喜欢给一些动物赋予象征性的文化内涵,将其作为国家象征。作为猛禽,雄鹰家族被很多国家作为象征,其中最出名的莫过于美国的白头海雕。

志。1947 年,白头海雕幼鸟的数量开始减少。有些巢里没有鸟蛋,有些巢里虽然有鸟蛋却孵不出幼鸟。1952 至 1957 年,约 80% 的巢没有孵出幼鸟。1957 年,仅 43 处巢里还有白头海雕。7 处巢里孵有 8 只幼鸟,23 处巢里有鸟蛋却孵不出幼鸟,13 处巢仅仅是成年白头海雕的进食场所,根本就没有鸟蛋。1958 年,布罗利先生沿海岸驱车 100 余英里才发现并标记了 1 只白头海雕。1957 年,他在 43 处巢中发现过白头海雕成鸟,而一年后仅 10 处巢中有成鸟。

1959 年,布罗利先生去世,这项有价值的持续观测工作从此中断。佛罗里达州奥杜邦协会以及新泽西州和宾夕法尼亚州提供的报告证明,任由目前的情况发展下去,美国恐怕需要另寻国家象征物。霍克山禁猎区管理员莫里斯·布龙的报告特别引人关注。霍克山位于宾夕法尼亚州东南部,景色秀丽。阿巴拉契亚山脉东部山脊在此地形成最后一道屏障,阻住吹向沿海平原的西风。西风遇到山脉会偏斜向上吹,这里秋天的大部分时间会有一股绵延的上升气流,因此巨翅鹰①和白头海雕可以毫不费力地乘风翱翔,南迁时通常可以长途飞行。霍克山不仅是山脊交会处,鸟类的空中迁徙路线也在此处交会。因此,北方各地飞来的鸟必经这一迁徙要道。

作为霍克山禁猎区负责人,莫里斯·布龙在任职的二十多年来观察和记录的鹰比任何一个美国人都多。白头海雕的迁徙高峰出现在每年 8 月底 9 月初。通常认为,这些白头海雕是在北方度夏后返回家乡的佛罗里达白

---

① 巨翅鹰(Broad-winged Hawk),也称宽翅鹰或阔翅鹰,和乌鸦一般大小的山林老鹰(巨翅/宽翅属),生活在北美洲东部。

头海雕（据悉，每年深秋初冬时节一些体形较大的北方种类也会经过这里飞往别处）。设立禁猎区头几年（1935—1939）观测到的白头海雕，40%的鸟龄在1岁左右（从它们的深色羽毛上可以很容易辨识出来）。但最近一些年来这样的未成年白头海雕变得十分稀少，在1955至1959年，幼鸟只占总数的20%；而在1957年，每32只成年白头海雕中仅有1只幼鸟。

霍克山的观察结果与其他地方的发现相互印证。其中一份报告来自伊利诺伊州自然资源委员会的官员埃尔顿·弗克斯，内容为白头海雕（疑似北方种类）飞来密西西比河和伊利诺伊河越冬的情况。弗克斯在报告中说，最近（1958）统计的59只白头海雕中仅有一只幼鸟。世界唯一的白头海雕专属保护区萨斯奎哈纳河上的蒙特·约翰逊岛上也发现了白头海雕濒临灭绝的情况。尽管该岛距离康诺文格大坝上游仅8英里，距离兰开斯特郡河滨不足半英里，岛上却保持着原始风貌。自1934年起，兰开斯特郡鸟类学家、保护区负责人赫伯特·贝克先生坚持观察岛上的一处巢。1935至1947年间，该巢伏窝情况非常规律且都非常成功。从1947年开始，尽管仍然有成年白头海雕出现在巢中并产下鸟蛋，却孵不出幼鸟。

蒙特·约翰逊岛与佛罗里达州出现的情况一样：巢里仍有成年白头海雕出现，也会生蛋，却很少或孵不出幼鸟。能解释这些现象的原因似乎只有一个，那就是某种环境因素导致这些白头海雕生殖能力下降。现在，几乎没有幼鸟出生，白头海雕家族难以为继。

很多人工仿真环境实验证明，其他鸟类也会遭遇同样的情形。其中最著名的是美国鱼类及野生动植物管理局詹姆斯·德威特博士完成的实验。德威特就各种杀虫剂对鹌鹑和野鸡的影响进行了一系列经典实验。研究结

果发现,DDT或相关化学农药接触,也许不会对成年鸟类造成肉眼可见的伤害,却会严重影响其生殖能力。具体影响方式可能有很多种,但最终结果都一样。打个比方,将DDT添加到繁育期的鹌鹑食物中,鹌鹑仍然能够产蛋或产蛋情况如常。但是,这些产出的蛋很少能够孵化出幼鸟。"很多胚胎在孕育之初似乎发育正常,一到孵化阶段就会死掉。"德威特博士说。即使孵化成功,半数以上的雏鸟也活不过5天。在野鸡与鹌鹑的对比实验中,常年喂食含杀虫剂食物的野鸡和鹌鹑,无论如何都产不出蛋。加州大学罗伯特·拉德博士和理查德·吉纳利博士报告中有同样的发现。野鸡吃了含狄氏剂的食物后,"产蛋数量显著减少,幼鸟成活率非常低"。这些研究者发现,蛋黄中存贮的狄氏剂在伏窝期和雏鸟出生后被逐渐吸收,从而给幼鸟造成缓慢却足以致命的危害。

华莱士教授与研究生理查德·伯纳德的最新研究结果为上述结论提供了有力佐证。他们在密歇根州立大学校园中的知更鸟体内发现了高浓度的DDT残留。受测雄鸟的睾丸、发育中的卵泡、雌鸟卵巢、已经发育好尚未生出的蛋、输卵管、遗弃在鸟巢中未孵化的蛋、鸟蛋胚胎和孵出后死亡的雏鸟体内全都发现了毒素残留。

这些重要的研究表明,鸟类一旦接触过杀虫剂,就会对下一代造成危害。鸟蛋和为胚胎发育提供营养的蛋黄中贮存的毒素是致死的真正原因。这就解释了为什么德威特实验中那么多幼鸟在胚胎中或出生几天后死亡。

科学家很难对白头海雕开展类似的实验室研究,但佛罗里达州、新泽西州和其他一些地方已经开展了相关野外研究,希望找到造成大量白头海雕不育的原因。而其中的大量间接证据都指向杀虫剂。在一些盛产鱼类的地区,鱼在白头海雕的食谱中占有很大比例(在阿拉斯加约占 65%,在切萨皮克湾地区约占 52%)。毫无疑问,布罗利先生长期研究的那些白头海雕都主要以鱼类为食。自 1945 年开始,人们反复向布罗利先生研究的这片沿海地带喷施 DDT 乳剂①。这种农药喷施的主要目标是盐沼蚊。蚊子生长的沼泽和海岸地区正是白头海雕觅食的区域。喷药导致大量鱼类和蟹类死亡。实验分析显示,死亡的鱼类、蟹类机体组织中的 DDT 浓度高达 46 ppm。正如加州清水湖的䴙䴘那样(因为吃了湖里的鱼,体内蓄积了高浓度杀虫剂残留),这些白头海雕体内组织中自然也贮存了高浓度的 DDT。跟䴙䴘、野鸡、鹌鹑和知更鸟一样,白头海雕繁殖能力不断下降,最终将无法维系种群的繁衍。

当今时代,世界各地纷纷传来鸟类濒临灭绝的讯息。各地报告具体细节不尽相同,但主题却完全一致:野生动植物因杀虫剂的使用而死亡。例如,在法国,人们使用含砷除草剂喷洒葡萄藤后,数百只小鸟和灰山鹑死亡;在鸟类数量繁多的比利时,周围农田喷施农药导致曾经闻名遐迩的灰山鹑狩猎走投无路。

英国面临的主要问题似乎专业性非常高,与日趋增多的作物种子处理有关。拌种不是什么新鲜事,但早期拌种主要使用杀菌剂,似乎没有给鸟类造成过危害。大概从 1956 年开始,人们改变拌种处理方法,企图达到双重功效:在杀菌剂之外,又增添了狄氏剂、艾氏剂或七氯以防控土壤昆虫。自

---

① DDT 为白色晶体,不溶于水,可溶于煤油制成乳剂,也是有效的杀虫剂。

那以后,情况就变得糟糕起来。

1960年春天,英国野生动植物管理部门(包括英国鸟类学基金会、英国皇家鸟类保护学会和猎鸟协会)收到大量有关鸟类死亡的报告。"这个地方像一片刚刚结束战斗的战场,"诺福克一位农场主在报告中写道,"管家发现了无数鸟类尸体,其中有大量小型鸟:仓头燕、金翅雀、红雀、篱雀,还有家麻雀……死了那么多鸟,真令人痛心。"一位猎场看守人写道:"包衣剂处理过的玉米种子毒死了猎场里所有的山鹑、部分野鸡和所有其他的鸟类。一共死了几百只鸟……我看守猎场一辈子,从来没见过这么凄惨的场面!看到一对对山鹑同时死去,真让人痛心。"

英国鸟类学基金会与英国皇家鸟类保护学会联合发布报告,描述了67例鸟类死亡的情况——1960年春天死亡的鸟类远不止这个数字。67例中,59例死于种子包衣剂,8例死于农药喷洒。

第二年,又出现新一轮鸟类中毒事件。英国下议院接到报告,仅诺福克郡一家农场就有600只鸟死亡,而北埃塞克斯郡一处农场死了100只野鸡。人们很快发现,遭受影响的郡数量比1960年增加了(1960年是23个郡,1961年是34个郡)。以农业为主的林肯郡遭受的危害程度最为严重,已报告有10 000只鸟死亡。然而,北到安格斯,南达康沃尔,西起安格尔西岛,东至诺福克,英国所有农业地区无一幸免。

1961年春天,鸟类死亡引发空前关注,英国下议院成立专门委员会负责调查这一事件,在农民、农场主、农业部代表以及与野生动物有关的政府、非政府部门代表中进行了广泛取证。

有证人说:"鸽子会突然从天空中摔下来死掉。"还有证人说:"在伦敦郊外开车一两百英里都看不到一只红隼。"大自然保护协会官员则说："20
世纪以来，乃至我所知道的任何时代，都没有发生过类似事件。[这是]英
国野生动物有史以来遭遇的最严重的危机。"

对这些死亡鸟类进行化学分析的设备严重不足，而且整个英国也只有
两位化学家能够进行这种分析（一位供职于政府部门，另一位受聘于英国
皇家鸟类保护学会）。证人们纷纷讲述燃起熊熊大火，焚烧鸟类尸体的情
况。尽管如此，人们还是成功收集到一些鸟类尸体用于化学检验。受检鸟
类尸体中仅一例不食植物种子的沙锥鸟体内没有发现杀虫剂残留。

除鸟类之外，狐狸也可能因为猎食中毒的老鼠或鸟类而间接受到危害。
英国的兔子泛滥成灾，迫切需要其捕食天敌狐狸。然而，从 1959 年 11 月到
1960 年 4 月，至少有 1 300 只狐狸非正常死亡。在雀隼、红隼和其他被捕食
的鸟类几乎完全消失的地区，狐狸死亡情况也最严重。这就表明，毒素沿着
食物链从采食种子的动物传到食肉动物体内。濒死的狐狸跟其他氯代烃中
毒动物表征一样，神志模糊地原地绕圈子，直至最后抽搐死亡。

完成这些听证之后，负责调查的委员会意识到，野生动物正面临着"十
万火急"的威胁，因此向下议院提议："农业部长和苏格兰事务大臣应立即
下令，禁止人们使用含狄氏剂、艾氏剂、七氯或具有相当毒性的化学药剂拌
种。"该委员会同时提议强化管控措施，确保化学药剂在推向市场之前经过
充分的实验室和真实环境测试。值得强调的是，这一点是所有地方杀虫剂
研究领域的巨大空白。化学农药制造商仅在实验室中对常见动物如老鼠、
狗和豚鼠等进行实验，不会使用野生动物作为受试体，当然也就不会包括鸟
类或鱼类。实验通常在人为控制环境下开展。这些实验结果用诸真实环境

中的野生动物肯定会产生偏差。

英国绝不是唯一需要保护鸟类免受拌种包衣剂危害的国家。美国加州和南部水稻种植地区同样饱受该问题烦扰。多年以来,加州农民一直使用DDT对稻种进行播种前处理,以防止鲨虫、龟虫危害秧苗。从前,稻田里聚集着大量水鸟和野鸡,深受狩猎爱好者青睐。然而,过去十年,水稻种植地区频频传来鸟类数量减损的报告,特别是野鸡、野鸭和黑鹂死亡的报告。"野鸡病"成了人尽皆知的现象,一位观察者报告说,患病鸟类"嗜水,肢体麻痹,瘫在沟堑上或稻田里,浑身颤抖"。这种"病"多发在春季稻田下种的时候。拌种使用的 DDT 浓度是杀死成年野鸡所需剂量的许多倍。

几年以后,人们研制出毒性更强的杀虫剂,越发增加了化学药剂拌种的灾害风险。对野鸡来说毒性超过 DDT 一百倍的艾氏剂被广泛用作包衣剂。德克萨斯州东部水稻种植区使用艾氏剂拌种,导致啸鸭数量锐减。啸鸭是生活在墨西哥湾沿岸的一种黄褐色鸭子,外形长得像雁。确实,有理由认为,水稻种植者使用杀虫剂想要同时达到减少黑鹂数量的功效,却给稻田里其他鸟类也造成了灾难性后果。

灭杀习惯一旦形成("清除"一切给我们带来烦恼或不便的生物),鸟类就日益成为毒药的直接目标,而非仅仅意外受到牵连。为了"控制"对农民不利的鸟类的过度繁殖,从空中喷洒对硫磷类剧毒农药的做法日益普遍。美国鱼类及野生动植物管理局表达了对这一问题的高度关切,申明"喷施对硫磷将会对人、家畜和野生动物构成潜在威胁"。例如,1959 年夏天,印第安纳州南部地区一群农民租用喷药飞机向河滩地区喷施对硫磷。这片河滩上栖息着数千只从附近玉米田里觅食的黑鹂。其实,他们本来可以通过改种苞叶较长的玉米品种（这样一来，黑鹂就吃不到玉米穗了）轻松解决这一问题，但这些农民却选择用飞机喷施剧毒农药来结束这些黑鹂的性命。

飞机喷洒的结果可能会让农民们心满意足，死亡清单上列有65 000只红翅黑鹂和椋鸟。其他未发现、未记录在案的野生动物死亡情况不得而知。对硫磷具有普遍杀伤性，其毒性不只是针对黑鹂。那些可能来河滩上活动的野兔、浣熊和负鼠，它们也许从未涉足过农民的玉米田（农民们很可能也从不知道它们的存在），却毫无来由地被这些农民判了死刑。

这些化学药剂会对人类产生什么样的影响？在喷施同一种对硫磷农药的加州果园，工人们接触到一个月前喷施农药的树叶后陷入昏迷，经过精心医疗救治才保住性命。印第安纳州还有人敢让家中的男孩去丛林、田野或河边玩耍嬉戏吗？如果还有的话，谁来防守这些有毒区域，阻止那些为了探索原始大自然而误入其间的孩子们？谁来守望并告诫无辜路人远离那些所有植被都覆盖着一层毒膜的夺命田野？尽管潜在危害如此巨大，却没有人阻止农民对黑鹂发动这场全无必要的战争。

在所有事件中，人们都回避认真思考如下问题：是谁做出的这个决定，引发一系列连锁中毒反应，导致死亡范围不断扩大，仿佛将卵石扔进平静的湖面而泛起层层涟漪？是谁在天平的一侧放上甲虫可能食用的树叶，而在另一侧放上一堆可怜的杂色羽毛（因杀虫剂肆虐而惨死的鸟儿的残余物）？是谁在没有广泛征求民众同意的情况下做出决定，认为没有昆虫的世界才是最完美的世界，纵然其间了无生机、再无鸟儿展翅飞翔？谁有权力做出这样的决定?！做出这个决定的人，暂时被假以雄权，竟然如此罔顾民意。岂知对千百万民众而言，大自然的美丽与秩序具有深刻而不可替代的意义。

第九章

死亡之河

蔚蓝的大西洋深处,隐藏着无数通往海岸的路径。它们是鱼类洄游之路。这些路径看不见、摸不着,却与来自陆地河流的水体相连。成千上万年来,每一条鲑鱼都会沿着熟悉的淡水路径,洄游到度过生命最初阶段的内陆河流。1953 年夏秋季节,加拿大东北部新不伦瑞克省米拉米奇河里的鲑鱼从遥远的大西洋觅食地洄游到出生地。米拉米奇河上游溪流交汇,绿树掩映。每年秋天,鲑鱼将卵产在河床沙砾上,清凉澄澈的溪水欢快地流过。这片水域内成片的云杉、香脂冷杉、铁杉和松树等针叶林,为鲑鱼提供了适宜的产卵环境。

年复一年的鲑鱼洄游使得米拉米奇河成为北美洲最佳鲑鱼产地之一。然而在 1953 年,米拉米奇河的鲑鱼洄游遭到了破坏。

那一年秋冬两季,雌鲑鱼将包裹着硬壳的巨大鲑鱼卵产在河床沙砾上预先挖好的浅槽中。正常情况下,鱼卵在寒冷的冬天缓慢发育,等到春天林中小溪冰雪消融时,鱼苗才开始孵化出来。一开始,这些身长不足寸余的小鲑鱼藏在河床砾石之中。它们不需要进食,依靠硕大的卵黄囊提供营养。卵黄囊被吸收完了,幼鱼才开始到溪流中觅食小昆虫。

1954 年春天,米拉米奇河里游弋着色彩斑斓的小鲑鱼,既有当年孵出的鲑鱼苗,也有一两岁大的幼鲑。它们贪婪地搜寻着溪水中千奇百怪的昆虫。

随着夏天的临近,一切都变了。此前一年,加拿大政府出台了旨在保护森林免受云杉食心虫侵袭的农药喷施项目,米拉米奇河西北部林区被纳入了喷药计划之列。云杉食心虫是一种本地昆虫,能够对多种常青树木造成侵害。在加拿大东部,每隔35 年会大规模爆发一次虫害。20 世纪 50 年代初,云杉食心虫再次爆发。人们开始喷洒 DDT 进行灭杀,最初只是小范围施用,1953 年骤然加大喷施力度。为保护香脂冷杉(该树是纸浆和造纸原料的主要来源),喷洒面积从之前的数千英亩扩大到数百万英亩。

1954 年 6 月,飞机开始在米拉米奇河西北林区上方开展空中作业,抛洒出一团团乳白色烟雾。0.5 磅溶于煤油的 DDT 从每英亩林地上空洒下,弥漫着整个香脂冷杉林,一部分飘落到地面和溪流中。飞行员只想着完成被分配的任务,并没有尽力避开溪流,飞过溪流上空时也没有试图关闭农药喷嘴。事实上,非常细微的空气震动都能造成喷洒物快速飘散,即便飞行员采取积极回避措施,结果也不会有多大改变。

毫无疑问,喷药作业刚结束就出现了可怕的迹象。没过两天,河流沿岸出现了大量已死和濒死的鱼,其中有不少幼鲑。死鱼中还有美洲红点鲑(俗称"七彩鲑"),道路两旁和树林中不断有鸟儿死去。河流一片死寂。喷药前,河水里活跃着大量水生物,为鲑鱼、鳟鱼提供了美味佳肴。这些水生物中有:生活在树叶、草梗和沙砾黏结起来的松散掩体中的石蛾幼虫,紧附在湍流岩石上的石蝇幼虫,以及在浅滩或溪水漫过的岩石上缓慢移动、外形

酷似蠕虫的黑蝇幼虫。然而,溪流中的昆虫现在悉数被 DDT 杀死,幼鲑失去了食物来源。

在充斥死亡与毁灭的环境中,幼鲑很难幸免于难,事实上它们也的确无一幸免。到了 8 月,当年春天在河床里孵出的鲑鱼死得精光。一整年的繁育化为乌有。而一两岁的幼鲑鱼情况稍微好一点。飞机喷洒农药后,一岁龄幼鲑存活率为 1/6,两岁龄快要可以进入大海生活的鲑鱼死掉了 1/3。

自 1950 年以来,加拿大渔业研究委员会始终致力于米拉米奇河西北流域的鲑鱼研究,上述事实因此才能够为世人所知。该委员会每年对河流中的鱼类进行一次数量普查。生物学家的统计内容包括洄游繁殖的成年鲑鱼数量、河流中各个年龄段的幼鲑数量、河流中鲑鱼和其他鱼类的正常数量。有了这些喷药之前的详尽数据,才有可能计算喷药造成的损失,精确程度远远超过其他任何地方。

调查结果不仅显示出幼鲑死亡情况,还揭示了河流本身发生的严重变化。反复喷药已经彻底改变了河流的生态环境,鲑鱼和鳟鱼主要食用的水生昆虫已被消灭殆尽。即便只喷一次农药,大多数昆虫都需要很长时间才能恢复到满足正常鲑鱼群食用的数量。所需时间不能按月来计算,往往需要数年。

蜉蝣和蚋等形体较小的昆虫,数量恢复得相对较快。刚出生几个月的鲑鱼苗以它们为食。而两三岁龄鲑鱼主要以石蛾、石蝇与蜉蝣幼虫等为食,这些形体稍大的昆虫数量恢复起来没有这么快。DDT 侵入河流第二年,幼鲑除了偶尔找到较小的石蝇之外,很难找到其他食物。河里根本就没有较大的石蝇、蜉蝣或石蛾。为了确保鲑鱼的天然食物,加拿大人曾经尝试将石蛾幼虫和其他昆虫投放到水生物匮乏的米拉米奇河水域。当然,只要再次喷药,这些新投放的昆虫会再次遭到灭绝。

云杉食心虫数量不仅没能如愿减少,反而更加猖獗。因此,1955 至 1957 年,新不伦瑞克省和魁北克省对多地进行了重复喷洒,有些地方甚至喷洒了三次。1957 年,农药喷洒面积接近 1 500 万英亩。喷药计划曾一度中止,但由于云杉食心虫数量再次反弹,导致 1960 年和 1961 年再度连续喷药。事实上,没有任何证据显示喷药防控云杉食心虫仅是权宜之计(农药要喷上几年,香脂冷杉才不会因为脱叶而死亡)。因此,只要喷药还在继续,可怕的危害就会持续显现出来。为了将对鱼类的危害降到最低,加拿大林业部门官员听取渔业研究委员会建议,将 DDT 浓度从之前每英亩 0.5 磅降低到每英亩 0.25 磅。(美国仍然采用每英亩 1 磅的高剂量标准。)如今,经过几年喷药效果监控,加拿大鲑鱼死亡情况有所好转。但是,只要喷药还在继续,就无法让热衷钓鲑鱼的爱好者释然。

还有一系列不同寻常的事件使得米拉米奇河西北流域的鲑鱼幸免于难,简直可以说是百年不遇的系列事件。了解这些事件及其背后的原因具有重要的意义。

如我们所知,米拉米奇河西北流域曾在 1954 年喷洒过大量化学农药。之后,除了一小片狭长地区在 1956 年重复喷药外,整个上游地带没再继续喷药。1954 年秋天爆发的热带风暴奇迹般地拯救了米拉米奇河里的鲑鱼。强热带风暴飓风"埃德娜"一路北上,给美国新英格兰地区和加拿大海岸造成大量降水。暴雨形成的洪流裹挟着淡水流入大海,也使得异常多的鲑鱼得以洄游。因此,河床上出现了异常多的鱼卵。1955 年春天在米拉米奇河

西北流域孵化的小鲑鱼苗遇上极为理想的生存环境。尽管前一年 DDT 将河中的昆虫杀死了,但小鲑鱼苗的常规食物蜉蝣和蚋等形体最小的昆虫已经恢复到正常数量。那一年,鲑鱼苗的食物充足,加之前一年的农药杀死了年龄较大的鲑鱼,减少了它们的抢食竞争对手。因此,1955 年出生的鲑鱼苗成长非常迅速,成活率也异常高。它们迅速完成内河生长阶段,提前进入大海。1959 年,这批鲑鱼中有许多洄游到米拉米奇河西北流域,在故乡的河床上产下大量鱼卵。

如果米拉米奇河西北流域鲑鱼洄游情况仍然较好,主要是因为那里仅喷过一年农药。该河流其他河段鲑鱼数量大幅下降,从中我们能够明显看出反复喷药的后果。

在所有喷过药的河段中,各种大小的幼鲑都很少见。生物学家报告说,最小的鲑鱼苗通常被"一举杀死"。1956 年和 1957 年,米拉米奇河西南流域喷洒了农药,1959 年鲑鱼捕捞量达十年来最低。渔民们说主要是洄游产卵的鲑鱼太少。米拉米奇河口取样处数据显示,1959 年洄游鲑鱼数量仅为上一年度的 1/4。1959 年,整个米拉米奇河流域首次入海的两岁龄幼鲑仅600 000 条。这个数字比之前三年中任一年的 1/3 都少。

在此背景下,新不伦瑞克省鲑鱼产业的未来,取决于能否在森林虫害防治中找到替代 DDT 的药物。

加拿大东部发生的情况并不特殊,其与众不同之处在于喷药林区范围广,收集的事实证据充足。美国缅因州也有云杉和香脂冷杉林,同样面临着防控森林虫害的问题。缅因州也有鲑鱼洄游——洄游数量虽然比从前大幅度减少,却也是生物学家和环保主义者付出艰辛得来的结果。他们在充斥工业污染和枯枝淤塞的河道中挽救下鲑鱼栖息地。这里为了灭杀无处不在的云杉食心虫也喷过农药,但遭受农药危害的面积较小,而且也没有危及鲑鱼产卵的重要河段。然而,缅因州内陆渔业和野生动物管理局在一个地方观察到的河鱼情况,却可能是个不祥的预兆。

"1958 年刚喷完药,"该管理局报告说,"大戈达德河中就发现大量濒死的吸口鱼。这些鱼表现出典型的 DDT 中毒症状。它们到处乱游,浮出水面换气,同时伴有战栗和抽搐症状。喷药后头五天,两网捞上来 668 条死掉的吸口鱼。小戈达德河、卡里河、艾尔德河和布莱克河中也发现大量死亡的鲦鱼和吸口鱼。人们经常能看到虚弱、濒死的鱼顺着水流往下漂,一动也不动。喷药一个多星期后,人们还不时能见到瞎了的垂死鲑鱼一动不动顺着水流漂往下游河段。"

[多项研究结果已证明,DDT 可使鱼类失明。1957 年,一位加拿大生物学家观察温哥华岛北部喷药结果后报告说,徒手就可以捞起原本非常凶猛的鳟鱼幼苗,它们游得非常慢,也不试图挣扎逃脱。检查发现,它们的眼睛里蒙了一层不透明的白膜,导致视力受损甚至失明。加拿大渔业部开展的实验发现,接触低浓度 DDT(3 ppm)没有致死的鱼(银鲑)都出现了失明症状,眼球晶体浑浊。]

凡是有大片森林的地方,林区河流中生活的鱼类都面临着现代昆虫防控手段的威胁。美国最轰动的事件要数 1955 年黄石国家公园及周边地区农药喷洒造成的鱼类死亡。当年秋天,黄石河里出现大量死鱼,令垂钓者和蒙大拿州渔猎管理人员极为震惊。长约 90 英里的河段遭受严重危害。人

们在一段 300 码长的河岸边发现 600 条死鱼,其中包括褐鳟、白鲑和吸口鱼。鳟(鲑)鱼的天然食物水生昆虫则全部死光了。

林业部门官员声称,他们严格遵循每英亩 1 磅 DDT 的"安全标准"。然而,喷药的实际后果证明,这一标准绝非"安全"。1956 年,蒙大拿州渔业和野生动物管理局与两家联邦政府机构(美国鱼类及野生动物管理局和美国林业局)开展联合研究。蒙大拿州当年喷药面积达 90 万英亩,次年喷药面积为 80 万英亩。因此,生物学家不难找到开展研究的地区。

各地鱼类死亡情形有着共同的表象:林区弥漫着 DDT 的气味,水面上浮着一层油膜,鳟鱼死在河岸边。接受检验的所有鱼,不管是死掉的还是濒死的,体内都积存着 DDT。与加拿大东部情况一样,喷药导致的一大严重后果是饵料生物严重减少。在很多研究区域,水生昆虫与其他河底栖动物种群数量已减少到正常数量的 10%。这些对鳟鱼生存而言至关重要的昆虫一旦遭到毁灭,需要很长时间才能恢复。喷药后的第二年夏末,仅少数水生昆虫得以恢复。一条曾经生活着大量底栖动物的河流中,如今几乎找不到任何昆虫。这条河流中捕鱼的数量也下降了 80%。

不是所有鱼都会立即死亡。实际上,后期死去的鱼比喷药后立即死去的数量多得多。蒙大拿州生物学家发现,不少鱼在捕鱼季节结束后才死去,因此没有人统计上报死亡数字。他们开展研究的河流中死了很多秋季产卵的鱼,其中有褐鳟、美洲红点鲑和白鲑。这一发现并不奇怪,无论是鱼还是人,面对生理应力时都需要从蓄积的脂肪中摄取能量。这样一来,贮存在组织内的 DDT 就会对机体造成致命危害。

至此,我们已十分清楚,每英亩喷洒 1 磅 DDT 会给生活在林区溪流中的鱼类带来严重危害。而且，因为没能有效防控云杉食心虫，很多地区进行了多次重复喷洒。蒙大拿州渔业与野生动物管理局坚决反对重复施药，声明"绝对不愿意为必要性和效果都令人怀疑的农药喷施项目牺牲该州的渔业资源"。当然，该管理局同时也宣布，将继续与美国林业局合作以"寻找危害最小的路径"。

这样的合作真能拯救鱼类吗？在这一点上，英属哥伦比亚省最有发言权。该省黑头食心虫肆虐多年。林业部门官员担心，树叶再脱落一季恐怕会造成大量树木死亡，于是决定在 1957 年采取防控措施。他们与关注鲑鱼洄游的渔猎部门进行过多次磋商。最终，森林生物管理部同意在不影响效果的前提下尽最大努力调整喷洒方案，以减少对鱼类的危害。

尽管采取了预防措施，尽管付出了真诚努力，结果却是：**至少有四条主要河道中的鲑鱼几乎 100％被毒杀！**

其中一条河流中的 40 000 条成年银鲑几乎被悉数杀死。另有数千条幼年硬头鳟和其他鳟鱼也死了。银鲑洄游周期为三年，洄游的银鲑几乎都是同一个年龄段的。跟其他鲑鱼一样，银鲑具有极强的洄游本能，只会游回自己出生的那条河流，不会去往其他河流。这就意味着三年一次的银鲑洄游将不复存在，除非通过人工繁殖或其他方法，才能恢复具有重大经济意义的洄游。

其实我们拥有一些既能保护森林又不会危害鱼类的解决办法。如果我们自认为只能将河流变成死亡之河，那将是对绝望和失败主义的屈从。我们必须广泛利用已知的替代办法，必须充分调动聪明才智与资源去发现新办法。有记录显示，天然寄生性生物控制食心虫的效果远超农药喷洒。我

们要最大限度地利用自然控制法,或者也可以使用毒性较小的化学农药,又或者最好能够引进致使食心虫染病却不危及整个森林生态网的微生物。我们可以观察这些替代性办法及其取得的成效。最重要的是应当明白,农药喷洒既不是防治森林害虫的唯一办法,也不是最佳方案。

给鱼类造成危害的杀虫剂可以分为三类。第一类,如我们所知,是针对林区某一特殊问题的农药喷洒,它已影响到北方林区河流中的鱼类。这一类农药主要是DDT。第二类是大量可蔓延、可扩散的杀虫剂,危及美国各地流动或静止水域中生活的鲈鱼、太阳鱼、莓鲈、吸口鱼和其他许多鱼类。第三类几乎囊括目前农业使用的所有类型农药,其中只有异狄氏剂、毒杀芬、狄氏剂和七氯等少数主要农药容易辨识。此外,由于相关研究刚刚起步,我们必须充分考虑,照此情形发展下去将会是什么后果,对盐沼、海湾和入海口处的鱼类又会产生何种危害。

新型有机杀虫剂的广泛使用势必给鱼类造成严重危害。鱼类对现代杀虫剂的主要成分氯代烃极其敏感。将数百万吨有毒化学物质洒到地表,有毒物质自然会以各种方式进入陆地与海洋之间无休止的水循环中去。

有关鱼类的死亡报告(其中有些报告中死亡率奇高)层出不穷,为此,美国公共卫生署成立了专门办公室,负责采集来自各州的报告,用来当作水污染的一项评估参数。

这个问题关涉着广大民众。美国约2 500万人将垂钓作为主要的休闲方式,另有1 500万人偶尔钓鱼消遣。这些人每年在办理执照,购买钓具、小船、露营装备、汽油和住宿方面的花费高达30亿美元。剥夺他们的这一渔猎爱好,将会带来巨大的经济损失。商业捕捞也会蒙受经济损失。更重要的是,鱼类是人们的重要食物来源。内陆和沿海渔业(不包括深海捕捞)每年捕鱼量约为 30 亿磅。然而,我们知道,侵入溪流、池塘、江河与海湾的杀虫剂正在威胁着渔猎休闲和商业捕捞。

庄稼农药喷施造成的鱼类死亡事件屡见不鲜。加州喷洒狄氏剂防控水稻潜叶蝇,结果导致约 60 000 条垂钓鱼死亡,其中大多数为蓝鳃太阳鱼和其他太阳鱼品种。路易斯安那州的甘蔗田喷洒异狄氏剂,仅 1960 年就发生了30 多起严重鱼类死亡事件。宾夕法尼亚州果园喷洒异狄氏剂灭杀老鼠,结果造成大量鱼类死亡。美国西部高原喷洒氯丹防控蝗虫,导致众多河流中的鱼类死亡。

美国南方地区为防控火蚁,向几百万英亩土地大肆喷施农药,范围之广无可匹敌。该项目主要喷洒的农药是七氯,对鱼类的毒性略低于 DDT。狄氏剂也可以防控火蚁,众所周知,狄氏剂对所有水族生物的危害都非常大。但给鱼类造成最严重危害的则属项目中使用的异狄氏剂和毒杀芬。

火蚁防控区的所有地方(无论喷洒了七氯还是狄氏剂)都出现了水族生物毁灭性死亡的情况。研究农药危害的生物学家报告摘录如下:德克萨斯州,"尽管特意避开运河喷洒,还是出现大量水族生物死亡","鱼类死亡惨重,持续了三个多星期"。阿拉巴马州,"喷药后没几天,[威尔考克斯县]绝大部分成年鱼都死了","季节性水域和小支流中的鱼完全绝迹"。

路易斯安那州的农民抱怨池塘养殖减产。在一段不足 500 米的运河岸边或漂或躺着 500 多条死鱼。另一个教区死了 150 条太阳鱼,占种群数的1/5。还有五种鱼类则被完全灭杀。

检测员在佛罗里达州农药喷施区池塘的养殖鱼体内发现了七氯残留及

其分解后产生的环氧七氯。这些鱼中有垂钓者最喜爱的太阳鱼和鲈鱼,它们常常出现在人们的餐桌上。然而,它们体内含有美国食品药品监督管理局认为对人类有剧毒的化学物质,极微小的剂量就能造成严重危害。

关于鱼类、青蛙和其他水生动物的死亡报告纷至沓来,美国鱼类学家和爬虫学家协会(致力于研究鱼类、爬行动物和两栖动物的权威性科学研究机构)在 1958 年通过一项决议,呼吁农业部及相关政府部门终止"空中喷洒七氯、异狄氏剂及相当毒性农药的行为,以免造成无法修复的损害"。该协会呼吁人们关注生活在美国东南部的丰富鱼类和其他生物,其中包括美国特有的世界珍稀物种。该协会发出警告,"其中很多动物仅分布在很小的区域,因此很容易导致彻底绝种"。

南方各州喷洒农药灭杀棉花害虫,也造成了大量鱼类死亡。1950 年夏天,阿拉巴马州北部棉花产区遭受虫灾。此前,仅使用少量有机杀虫剂就能够有效控制棉花象鼻虫。连续几个暖冬最终导致 1950 年象鼻虫害大爆发。因此,在当地农药经销商的撺掇下,80% 到 95% 的农民开始使用杀虫剂。最受棉农欢迎的毒杀芬对鱼类具有毁灭性杀伤力。

1950 年的夏天暴雨频降。雨水将农药冲进河里,农民于是追施更多农药。当年,平均每英亩棉田喷洒了 63 磅毒杀芬。部分棉农用量高达每英亩200 磅,一个棉农竟然丧心病狂地在每英亩田中喷洒 550 多磅毒杀芬。

后果不难预料。弗林特河发生的事情能够非常典型地说明该地区的情况。流入惠勒水库前,弗林特河要在阿拉巴马州棉花产区穿流 50 英里。8月 1 日,弗林特河流域下了一场大暴雨。雨水落入地表径流和小溪,最终形成洪流奔入江河。弗林特河水位上涨了 6 英寸。第二天上午,人们发现,随雨水冲入河流的显然还有其他东西。鱼绕着圈子游来游去,时不时有鱼跳上河岸。这些鱼很容易就能抓到。一个农民抓了几条鱼,放养到泉水蓄积的水塘中。这几条鱼在池塘的净水中得以恢复。但河里一天到晚漂浮着死鱼。这还只是个开始。每下一场雨,都将更多杀虫剂冲进河里,河中也因此出现更多的死鱼。8月10日的一场大雨,几乎将河里的鱼全部杀死。8月15日的降雨再度将毒药冲进河中,已经没有鱼可以被毒杀了。人们将金鱼装进笼子放入河中,这些金鱼不到一天就死了,因此获得了该化学药物致死的证据。

弗林特河被杀死的鱼中有大量最受垂钓者喜爱的白莓鲈。人们还在(弗林特河流入的)惠勒水库中发现了大量死鲈鱼和死太阳鱼。这些水域中的鲤鱼、牛胭脂鱼、石首鱼、美洲真鲦和鲶鱼等各个品种都被杀死殆尽。这些鱼并没有出现染病症状,仅濒死时行为异常、鳃上出现奇怪的深酒红色。

农场水产养殖池温暖而封闭,一旦附近地区喷洒了杀虫剂,就会对鱼产生致命危害。多起例子证明,雨水和地表径流会将农药携带到水塘中。除了流入其中的含毒地表径流,有时执行喷洒任务的飞机驾驶员在经过池塘上空时也并不关闭农药喷嘴,导致药剂直接洒入水塘。情况甚至无需如此复杂,正常的农业用药量已经远远超过鱼类致死所需的浓度。通常每英亩池塘喷洒量超过0.1磅就会造成巨大的危害,换句话说,即使大量减少化学药剂施用量,也改变不了致命后果。农药一旦喷入池塘就很难清除掉。一个池塘因不想要闪光鱼,采取DDT喷施处理。虽然此后池塘多次换水,药物残留依然存在,导致投放养殖的太阳鱼死亡率达94%。显然,DDT已

经滞留在池塘底部的淤泥中。

与现代杀虫剂刚问世的时候相比,现在的情况并没有明显好转。1961年,俄克拉荷马州野生动物保护局称,他们至少每周收到一份农场池塘和小湖泊鱼类死亡的报告,而且此类报告越来越多。多年以来,人们已经非常熟悉造成俄克拉荷马州鱼类死亡的流程了:向农作物喷洒农药,下一场暴雨,把毒药冲进池塘。

池塘养殖是一些地方不可或缺的食物来源。在这些地方,如果不事先考虑杀虫剂对鱼类的危害,就贸然使用它,苦果会立即到来。例如,在罗得西亚(津巴布韦的旧称),浅水塘中 0.04 ppm 的 DDT 造成了喀辅埃鲷鱼(一种重要的食用鱼)鱼苗死亡。即便剂量更小的其他杀虫剂也会造成致命的危害。这种鱼所生活的浅水环境有利于蚊子滋生。灭杀控制蚊子,同时保护中部非洲重要的食物来源,这一问题处理得显然不尽如人意。

菲律宾、中国、越南、泰国、印度尼西亚和印度的虱目鱼①养殖也面临着类似的难题。这些国家在近海浅水区域养殖虱目鱼。成群的幼苗会突然出现在沿岸海水中(没有人知道它们从哪里来),渔民将它们舀起来放入蓄养池中养大。对东南亚和印度几百万以大米为主食的人来说,这种鱼是非常重要的动物蛋白来源。因此,太平洋科学大会建议国际社会采取联合行动,寻找目前未知的虱目鱼产卵场地,以便开展大规模人工养殖。然而,农药喷洒也给目前的虱目鱼养殖造成了严重损失。菲律宾为了消灭蚊子实施的空

① 虱目鱼(Milkfish),俗称麻虱鱼、海草鱼、国圣鱼、塞目鱼、遮目鱼等,是一种暖水性结群类鱼种,在印度洋和太平洋地区分布比较广泛,在我国主要产于南海和东海南部。

中喷药,给养殖户造成了惨痛的损失。有一处池塘中养殖了 12 万条虱目鱼,空中作业的飞机经过后,尽管养殖户在塘中拼命灌水进行稀释,最终还是造成半数以上的虱目鱼死亡。

1961 年,德克萨斯州奥斯汀市科罗拉多河发生了近年来最触目惊心的鱼类死亡事件。1 月 15 日,星期天拂晓,奥斯汀新城湖及下游 5 英里的科罗拉多河的水面上出现死鱼。前一天尚无人发现此情况。星期一,有报告说下游 50 英里河段发现死鱼。显然,某种有毒物质正顺着河流向下游扩散。1 月 21 日,下游 100 英里拉格兰奇市附近河段发现死鱼。一个星期后,化学药剂造成奥斯汀以南 200 英里河段鱼类死亡。1 月份最后一周,为防止有毒物质进入马塔戈达湾,人们关闭沿海航道,将河水引流至墨西哥湾。

同期,奥斯汀的调查人员闻到了类似七氯和毒杀芬的气味。这种气味在一条雨水管道口处尤为强烈。该雨水管道过去曾因排放工业废弃物造成过麻烦。德克萨斯州渔猎委员会沿通往湖泊的雨水管道口逆向追查,最终发现一家化工厂所有排水管线口都散发着类似六氯化苯的气味。该化工厂主要生产 DDT、六氯化苯、七氯、毒杀芬以及少量其他杀虫剂。该厂负责人承认,最近确实有杀虫剂粉末被暴雨冲进排水管道。最可怕的是,该负责人承认,过去十年来,该厂通常都采用这一操作方法处理杀虫剂流溢与残留。

经过进一步调查,渔业部门官员发现,其他工厂也存在雨水管道排水(雨水或日常清洁用水)中带有杀虫剂残留的情况。然而,证据链的最后一环竟然是:在湖水和河水中发生鱼类死亡前几天,人们刚刚用数百万加仑的水对整个雨水管道系统进行过高压冲刷清淤。这次冲刷无疑将沙砾、碎石中积存的杀虫剂冲了出来,带入湖泊与河流中。随后的化学检验证实了

这一情况。

大量有毒物质沿科罗拉多河顺流而下,所到之处造成大量死亡。湖泊下游 140 英里以内河段中,几乎所有的鱼都被杀死。人们用围网进行捕捞,试图确认是否有鱼类幸免,但围网里一条活鱼也没有。一英里长的河岸上总计死亡鱼类 27 种,重量约达 1 000 磅。死鱼中有该河段主要垂钓鱼种斑点叉尾鮰,有蓝鲶鱼(又称"长鳍真鮰")、平头鲶鱼、楞头鱼、四种太阳鱼、闪光鱼、鲮鱼、曲口鱼、大嘴黑鲈、鲤鱼、绯鲤、吸口鱼,还有鳝鱼、雀鳝、红鲤、马口鱼、内河鲱鱼和牛胭脂鱼。其中有些鱼肯定是该河段的"元老",看大小就知道在河中生活了很多年。很多平头鲶鱼重量超过 25 磅,据称当地居民还捡到过 60 磅重的。官方记录过一条重达 84 磅的蓝鲶鱼。

渔猎委员会预测,即便不发生进一步污染,河里的鱼群构成状况也要很多年才能有所恢复。一些本地特有的鱼种可能永远都无法恢复了,其他鱼种只能借助于州政府大规模人工养殖实现数量复原。

奥斯汀鱼类死亡灾难的真相已经揭开,然而,我们几乎可以肯定,此事远未结束。有毒河水向下游流了 200 多英里后仍然能够杀死鱼类,一旦流入马塔戈达湾的牡蛎养殖场和捕虾场,后果不堪设想,所以人们才会将携带毒素的河水引流到墨西哥湾。可是墨西哥湾的情况会怎么样?十来条可能携带同样毒素的河流汇入墨西哥湾,会给那里造成什么样的后果?

目前,我们对上述问题的回答大部分还只能靠猜测。但是,人们对杀虫剂造成河口、盐沼、海湾和其他沿海水体污染的关注日益增多。这些区域不仅要接纳有毒河水,很多时候还会面临灭杀蚊虫的直接药物喷洒。

没有哪个地方能够像佛罗里达东海岸印第安河沿岸地区那样能直观地

显示出杀虫剂对盐沼、河口与宁静海湾地区的危害。1955 年春天,那里的圣露西县为消灭沙蝇幼虫,向 2 000 英亩左右的盐沼地喷洒狄氏剂。药剂浓度为每英亩 1 磅有效成分。喷药给这片水域的生物造成灾难性危害。佛罗里达州卫生委员会昆虫学研究中心的科学家对喷药后果进行了调查,报告说,鱼类"彻底死绝"。岸边到处都是死鱼。从空中可以看到,成群的鲨鱼游过来吞食水中奄奄一息、一动不动的鱼。所有鱼类无一幸免。死鱼中有胭脂鱼、锯盖鱼、长棘银鲈和柳条鱼。

整个沼泽地区(不含印第安河岸区),直接毙命的鱼类至少有 20 到 30 吨,约为 1 175 000 条,包括 30 多种鱼类[调查组 R. W. 小哈灵顿、W. L. 比德林梅尔报告]。

软体动物似乎没有受到狄氏剂影响,甲壳动物则全部死亡。显然,所有水生蟹类都遭受严重危害。招潮蟹几乎全部被消灭,仅农药遗漏的小片沼泽中仍有暂时的幸存者。

体型较大的捕捞鱼和食用鱼死亡速度最快……螃蟹侵食了垂死的鱼,第二天也会死掉。水生螺接着食吃死鱼。两周后,死鱼就一点儿也不剩了。

已故赫伯特·R.米尔斯博士在佛罗里达州对岸的坦帕湾观察到的情形同样凄惨。美国奥杜邦协会在这一区域(包括威士忌湾在内)建立了一个海鸟禁猎区。具有讽刺意味的是,当地卫生部门喷药灭杀盐沼蚊之后,禁猎区变成了动物避难所。鱼类和蟹类再次成为主要受害者。小巧美丽的甲壳动物招潮蟹,像牧场的牛群一样结队在泥地上爬行,它们对化学农药完全没有防御能力。经过夏季和秋季的连续喷洒后(有些区域喷洒达 16 次之多),米尔斯博士在报告中总结道:"这一次,招潮蟹数量继续明显下降。10月 12 日,根据当天的潮汐和天气状况,这片海滩上本来应该有 10 万只招潮蟹,实际见到的却不超过 100 只,还都是些非死即病的招潮蟹,颤颤巍巍、摇摇晃晃,几乎无法爬行。附近没有喷药的区域则仍然活跃着大量招潮蟹。"

招潮蟹在其所处的生态系统中发挥着极为重要、无可替代的作用。它们是很多动物的重要食物来源。海岸地区生活的浣熊以它们为主食。长嘴秧鸡等沼泽鸟、各类滨鸟,甚至迁徙来此的海鸟,都以招潮蟹为食。新泽西州一块盐沼地在喷洒了 DDT 之后,几周内笑鸥①数量就下降了 85%,据推测可能是由于喷药后笑鸥无法找到足够的食物。沼泽里的招潮蟹还具有其他方面的重要作用。招潮蟹是一种食腐动物,它会到处挖洞,有助于沼泽地土壤的翻松和通气。它们还为渔民提供了大量饵料。

招潮蟹并非潮汐沼泽与河口地区唯一遭受杀虫剂威胁的动物,很多对人类更为重要的其他生物也遭受到危害。切萨皮克湾与大西洋西岸常见的蓝蟹(又称"青蟹"或"梭子蟹")就是一个例子。这种螃蟹对杀虫剂十分敏感,每次向潮汐沼泽区的溪流、沟渠和池塘喷药,都会导致大量蓝蟹死亡。有毒物质不仅造成本地螃蟹死亡,从海里迁徙过来的螃蟹也会被残留的毒素杀死。有时死亡也可能是二度中毒所导致的,比如印第安河附近沼泽地区食腐的螃蟹侵食濒死鱼类后中毒。杀虫剂对龙虾的影响我们目前知之甚

---

① 笑鸥(Laughing Gull)是分布在北美洲和南美洲的一种中型海鸥,因叫声难听而得名。

少。然而,龙虾与蓝蟹属于同族节肢动物,生理特征基本相同,估计可能会遭受同样的侵害。可供人类食用、具有直接经济效应的石蟹与其他甲壳纲动物同样难逃厄运。

海湾、海峡、河口与潮汐沼泽等近岸水体,构成了一个无比重要的生态单元。它们直接关系到许多鱼类、软体动物和甲壳纲动物的命运,一旦这些地方不再适合生存,这些海味将会永远从我们的餐桌上消失。

广泛分布于近海的许多鱼类也会到近岸水体繁殖、养育幼苗。佛罗里达西海岸三分之一的低地中溪流与运河交错,迷宫一样的红树林里生活着大量海鲢幼苗。海鳟、白姑鱼、斑鳍鼓鱼、石首鱼等在大西洋沿岸海岛之间的浅沙滩,或像保护链一样围在纽约州南面的"堤岸"上产卵。幼鱼孵化出来后被潮汐卷入海湾。它们在克里塔克海湾、帕姆利科海湾、博格海湾和其他许多海湾、海峡中能够找到充足的食物,迅速生长。如果没有这些温暖、安全、食物充足的繁育区,上述各种鱼类和其他很多鱼类将无法维持正常的种群数量。然而,我们却任由杀虫剂通过河流进入其中,听任人们对周边沼泽地直接喷洒农药。这些鱼苗对化学农药的毒性比成鱼更敏感。

海虾也依赖近海的繁育场所。种类丰富、分布广泛的海虾是大西洋南部和墨西哥湾地区的渔业支柱。尽管海虾在大海中产卵,但几周龄的海虾却会游到河口和海湾完成蜕皮与生长。从5、6月份开始,幼虾一直在那里待到秋季,以水底碎屑为食。在整个近海生活期间,海虾的数量及其所支撑的产业都仰赖河口的有利环境条件。

杀虫剂是否会对捕虾业和海虾市场供应造成威胁?美国商业渔业局最近开展的实验或许能为我们揭晓答案。研究发现,刚过幼苗期、开始具备商

业价值的海虾对杀虫剂的耐受能力极低,其耐受性需要用 ppb 浓度单位(即十亿分比浓度)来衡量,而非通常所用的 ppm 浓度单位。比如,某次实验中,半数海虾被浓度为 15 ppb 的狄氏剂杀死。其他化学药剂对海虾的毒性则更大,其中以异狄氏剂为甚,只需 5 ppb 的浓度,就能够导致半数的海虾死亡。

杀虫剂对牡蛎与蛤蜊的危害程度更加严重。同样,它们的幼体比成体更易遭毒害。这些贝类栖居在从新英格兰到德克萨斯的海湾、海峡与潮汐河流底部,以及太平洋沿岸荫庇区域。成年贝壳不迁徙,它们将卵产在海水中,幼贝则在海洋中自由生活几周时间。夏季,渔船会拖着细密的渔网捕捞细小、纤弱的牡蛎、蛤蜊幼体以及各种浮游动植物。这些尘粒大小的透明幼贝在水面游动,以微小的浮游植物为食。一旦微小海洋植物遭毁灭,幼贝将会被饿死。然而,杀虫剂杀死了大量浮游植物。通常用于草坪、耕地、路旁甚至沿海沼泽地的除草剂对幼贝食用的浮游植物有剧毒(有些浮游植物的农药耐受性不足 10 ppb)。

常见杀虫剂只需极微小的剂量就能够杀死本身脆弱的幼贝。即使接触的剂量不足以致命,也会延缓幼贝的生长速度,并最终致其死亡。延缓生长发育,也就意味着幼贝必须更长久地生活在有毒的浮游植物世界,从而降低了其成活的可能性。

成年软体动物直接中毒的危险显然小得多,至少几种杀虫剂的情况是这样。当然,即便如此,也并非万无一失。牡蛎和蛤蜊的消化器官与其他组织可能会蓄积着有毒物质。人们通常是整只吞食这两种贝类,甚至有时候生食。美国商业渔业局的菲利普·巴特勒博士曾打过一个不祥的比方,说我们很可能会遭遇与知更鸟相同的结局。他提醒我们说，知更鸟并非死于直接农药喷洒，而是因为吃了体内蓄积高浓度杀虫剂的蚯蚓。

诚然，因防控昆虫而导致河流、池塘中成千上万种鱼类和甲壳纲动物死亡，这种直接而显见的后果令人极度震惊。那些存在于江河中、间接抵达河口的农药所造成的后果虽然目前不可见、不可知，也无从估测，最终也许会更具灾难性。整体形势问题重重，而大多数问题目前都没有令人满意的答案。我们知道，携带农药的农田、森林径流汇入许多条河流（也许是所有主要河流），最终被带入海洋。但是我们不知道这些农药种类有多少，数量有多大。而且，一旦汇入大海，在高度稀释的情况下，我们目前尚无可靠手段确定其种类与总量。尽管我们知道化学药剂在漫长的迁移中肯定会发生变化，但我们不知道这些变化所生成的化学物质比原来的毒性更大还是更小。另一个几乎尚无人探索的领域是化学药剂协同作用的问题。这个问题迫切需要解决，因为多种化学药剂进入海洋环境后，必然会与海洋中多种无机物发生混合与转移。所有这些问题亟须得到准确回答。只有开展广泛的研究才能找到答案，然而可用于这方面的研究经费却少得可怜。

淡水和海洋的渔业均是极为重要的资源，关涉广大民众的利益与福祉。如今，化学药剂进入水体，对渔业构成严重威胁，这一点已经毋庸置疑。如果能将每年用于研发毒性更强的杀虫剂经费中的一小部分拿来开展建设性研究，我们就能发现使用危害性较小的物质的办法，就能够发现将有毒物质从河流中清除出去的办法。什么时候公众才会充分认清事实，呼吁采取这样的行动？

第十章

灾难普天而降

最初,空中农药喷洒仅限于农田和森林等小部分地区,如今范围不断扩大、剂量不断增强,正如最近一位英国生态学家所言,"令人震惊的死亡之雨"正降落在地球表面。人们对有毒农药的态度在悄然改变。过去,农药外包装上都标有骷髅头的剧毒标识;同时还非常明确地注明,仅在极少数情况下灭杀指定对象时方可使用。随着各种新型有机杀虫剂的研制,加之第二次世界大战后出现的大量闲置飞机,一切都被抛诸脑后。令人震惊的是,尽管如今农药毒性更强,却时常普天而降。不只是那些需要灭杀的昆虫与植物,农药所及范围内的一切(人类与其他所有生物)都会品尝到毒药的滋味。农药不再仅仅局限于森林和农田,也同样洒向乡镇和城市。

不少人对于向数百万英亩土地喷洒剧毒农药的举措疑虑重重,20 世纪50 年代末,东北各州清剿舞毒蛾和南方灭杀火蚁的两次大规模喷药行动愈发加重了人们的这种怀疑。舞毒蛾和火蚁均非美国本土昆虫,在美国出现多年,并未造成过严重危害。然而,为达目的无所不用其极的农业部虫害防控部门,突然对这两种昆虫采取了极端措施。

清剿舞毒蛾的行动表明,一旦大规模、不计后果的治理方式取代了局部、有节制的防控,将会造成无比巨大的破坏。灭杀火蚁行动更是个极端的例子,不仅极度夸大了防控的必要性,对所需合理剂量及对其他生物的危害也完全缺乏科学知识。两次行动都没实现预期目的!

原生欧洲的舞毒蛾在美国存在了近百年。1869 年,马萨诸塞州梅德福市,法国科学家利奥波德·特维洛特尝试将舞毒蛾与蚕杂交,不慎从实验室放出了几只舞毒蛾。后来,舞毒蛾逐渐蔓延至整个新英格兰地区。舞毒蛾的主要传播媒介是风,其幼虫非常轻,能够随风飘得很高很远。由于其蛾卵附着在植物上过冬,植物携带因此成为舞毒蛾传播的另一种途径。现在,新英格兰地区各州都出现了这种蛾。每年春天有好几个星期,舞毒蛾幼虫都会对橡树和其他硬木植物的树叶造成危害。新泽西州和密歇根州不时也会发现舞毒蛾。新泽西州舞毒蛾系由荷兰进口的云杉树携带进入(1911),而密歇根州舞毒蛾的入侵途径则不得而知。1938 年,新英格兰的飓风将舞毒蛾吹送到宾夕法尼亚州和纽约州。然而,纽约州阿迪朗达克山脉的树种并不吸引这种蛾,因此阻挡住舞毒蛾继续西行。

人们已采用各种手段将舞毒蛾成功控制在美国东北部。舞毒蛾入侵一百年来,人们担心它可能会危害阿巴拉契亚山脉的硬木植物,现在看来已然不成问题。新英格兰地区成功繁殖了从国外引入的 13 种寄生虫和捕食性动物,美国农业部认为此举显著降低了舞毒蛾的爆发频率及其危害性。通过自然防控、检疫措施与局部喷药措施,新英格兰地区已取得了农业部1955 年评价的成果——"显著抑制了舞毒蛾的扩散和危害"。

然而仅仅一年后,植物虫害防治部门却开始对数百万英亩土地进行地

毯式全覆盖农药喷洒,以彻底"根除"舞毒蛾。("根除"意味着将该物种从所在区域彻底剿灭。由于此前行动连连失败,农业部认为有必要反复强调"根除"一词。)

因此,美国农业部野心勃勃地向舞毒蛾发起全面化学灭杀行动。1956年,农业部对宾夕法尼亚州、新泽西州、密歇根州和纽约州附近一百万英亩土地喷洒农药。喷药地区很多民众抱怨农药给他们造成了危害。日渐成型的大规模喷药模式令环保主义者极度不安。1957年,300万英亩土地农药喷洒计划宣布后,激起了更加高涨的反对声浪。联邦农业部和州农业部门官员依然不予理睬,认为个别抱怨无足轻重。

纽约长岛在1957年农药喷洒计划之列,所涉区域主要为人口密集的城镇、郊区及盐沼周围海岸地区,其中纳苏郡人口密度在全州仅次于纽约市。长岛农药喷洒的一个重要说辞居然是"舞毒蛾蔓延会危及纽约大都会区",简直荒诞透顶。舞毒蛾是一种森林昆虫,肯定不会栖息在城市中,也不会生活在草场、田野、花园或沼泽地里。1957年,美国农业部和纽约州农业与市场部却依然租用飞机,将事先配制好的油溶性DDT漫天洒下。农药洒向商品蔬菜园、乳牛场、鱼塘和盐沼地,还洒向郊外街区。一位家庭主妇听到飞机轰鸣声,手忙脚乱地想把花园各处盖严实,却被农药淋到;在外玩耍的孩童与火车站上下班的人也都淋到了农药。在锡托基特,一匹优良夸特马到刚喷洒过农药的田间水槽里饮水,10个小时后毙命。汽车上落满斑斑点点的油性混合物,花和灌木全都死光了。鸟、鱼、螃蟹和益虫也全部丧生。

世界著名鸟类学家罗伯特·库什曼·墨菲曾带领一群长岛市民去法院申诉,请求颁布禁令阻止这场喷药行动,却遭到法院驳回。抗议市民一面忍受着 DDT 喷洒，一面继续坚持申诉，希望能够颁布永久禁令。然而，由于喷药行动已经在进行中，法院判定市民要求颁布禁令的诉求"并无实际意义"。抗议市民上诉到最高法院，后者却拒绝受理。威廉·道格拉斯大法官对最高法院的这一决定表示强烈不满，他认为"许多专家和相关负责人都对 DDT 的危害发出过警告，足以说明这一申诉对公众的重要性"。

长岛市民提请的诉讼，至少引起人们关注日渐严重的大规模农药喷洒趋势，关注防治部门如何漠视普通民众不可侵犯的个人财产权。

舞毒蛾喷药计划的实施过程中，牛奶与农产品污染令很多人措手不及。纽约州韦斯切斯特郡北部占地 200 英亩的沃勒农场情况十分典型。喷洒树林不可能避开牧场，为此沃勒女士专门请求农业部官员在喷药时避开她家农场。她主动提出自行对农场进行舞毒蛾排查，一旦发现就通过局部喷施进行清剿。尽管相关人员一再向她保证不会向她的农场喷药，她的农场依然遭受到两次直接喷洒，外加两次来自别处的药物飘浮危害。48 小时后，对沃勒农场纯种格恩西奶牛所产牛奶样本进行检测，发现 DDT 浓度为 14 ppm。牧场里选取的草料样本当然也被农药污染了。尽管该郡卫生部门已经得知检测结果，却并未禁止这些牛奶流入市场。这是消费者权益缺乏保护的典型案例，然而这种情况非常普遍。尽管美国食品药品监督管理局明令禁止出售含杀虫剂残留的牛奶，但监管实施力度不够，且该禁令仅适用于跨州贸易。各州和各郡官员无须遵守联邦政府关于杀虫剂的规定，除非当地法律与联邦法一致，而这种情况鲜少存在。

商品蔬菜园也遭到危害。不少叶类作物叶面灼烧、斑点遍布，压根卖不出去。还有的含有大量 DDT 残留。康奈尔大学农业实验站检测到豌豆样

本中 DDT 浓度达 14—20 ppm,而法定最高浓度仅为 7 ppm。菜农要么被迫承担巨额损失,要么违法销售农药残留超标的农作物。他们中有些人进行了申诉,获得了一定赔偿。

空中喷洒 DDT 的现象日益增多,法院接到的诉讼也越来越多。其中不少是纽约州各地养蜂人的诉讼。1957 年喷药项目启动前,养蜂人就因果园喷施 DDT 蒙受过巨大损失。一位养蜂人痛苦地表示:"1953 年之前,不管美国农业部和美国农业院校说什么,我都奉为宝典。"然而当年 5 月,纽约州大面积喷洒农药,导致他损失了 800 个蜂群。那次喷洒造成的危害面积广、程度重,因此,他与另外 14 位养蜂人联名起诉州政府,要求赔偿 25 万美元。1957 年的喷药行动中,另一位养蜂人损失了 400 个蜂群。他在诉讼中说,生活在林区的所有工蜂(负责外出采集花蜜和花粉筑造蜂巢的蜜蜂)全部被杀死,而喷药较少的农田中,工蜂死亡率也高达 50%。他还写道:"五月时节,走进院子却听不到蜜蜂嗡嗡鸣唱,简直让人崩溃。"

舞毒蛾防治项目充斥着各种不负责任的行径。租赁飞机的费用不按喷洒面积计算,而是根据喷药量来计算,注定会造成毫无节制的肆意喷洒。许多地方不止喷洒了一次。在多起诉讼中,政府与没有当地经营地址的州外企业签订空中作业合同,后者也就因此无法在当地注册并明确法律责任。在这种责任不明的情况下,因苹果园和蜜蜂受危害而遭受直接经济损失的市民根本找不到控告对象。

1957 年喷药项目气势汹汹、危害惨重,之后却突然大幅度缩减。官方解释含糊其辞,声称要"评估"此前工作并测试替代性杀虫剂。1957 年,农药喷洒面积为 350 万英亩,1958 年锐减到 50 万英亩,而 1959 年、1960 年和

1961 年这三年,年度喷药面积仅为 10 万英亩。其间,防治部门一定因为长岛地区舞毒蛾的卷土重来感到不安。该行动耗资庞大,设想永久性根除舞毒蛾,结果根本没能奏效,农业部的公信力和信誉因此大受折损。

之后,植物害虫控制部工作人员开始忙于南部地区一个更加野心勃勃的项目,舞毒蛾也因此被暂时遗忘。农业部文件中再度频频出现"根除"一词,此次旨在"根除"火蚁。

火蚁因其叮蜇会产生火灼感而得名,似乎是在第一次世界大战后从南美洲经阿拉巴马州莫比尔港入境美国。1928 年,火蚁扩散到莫比尔市各郊区并持续蔓延,目前已入侵南方大多数州郡。

火蚁进入美国四十多年,并未引起太多关注。在火蚁数量庞大的几个州,因其常在地面造成高达尺许的巢丘,火蚁被视作讨厌的昆虫。这些巢丘容易妨碍农业机械作业。仅两个州将火蚁列入二十种重要害虫表(居于清单末尾)。似乎官方或个人都未感觉到这种火蚁会对庄稼或牲畜造成威胁。

随着剧毒化学农药的研发,政府对火蚁的态度突然发生了转变。1957年,美国农业部发起一项在其历史上最引人注目的宣传活动。一时间,政府公文、电影和政府策划的故事都将矛头对准火蚁,将之渲染成南方农业的掠夺者,鸟类、牲畜和人类的终结者。联邦政府和遭火蚁危害的各州政府联合发起一项大规模行动,对南方九个州共 2 000 万英亩土地进行火蚁清剿。

1958 年,火蚁防治计划如火如荼地展开,一家商业期刊兴奋地报道说:"随着美国农业部大规模害虫清剿项目日趋增多,杀虫剂制造商已然迎来了销售的春天。"

除了那些在"销售热潮"中赚得盆钵满盈的既得利益者,从来没有哪次

害虫清剿激起如此广泛的怨怼。此次害虫防治规划拙劣、执行糟糕,是大规模害虫防治失败的极端典型。项目耗资巨大、荼毒生灵,还造成农业部公信力折损,如果还有一分一毫资金投入都叫人难以置信。

一些后来证明完全不可信的说辞,居然赢得了国会支持。那些说辞称,火蚁叮咬地面营巢中的幼鸟,对庄稼和野生动物造成危害,对南方农业也造成了严重威胁。

这些说法到底可信吗?农业部听证会上想要获得拨款的发言人的说辞与农业部核心出版物的内容并不一致。1957 年发行的《灭杀牲畜、庄稼害虫——杀虫剂推介》公报中甚至没有提及火蚁。如果农业部信赖自己的出版物,这可是个惊人的"疏漏"。此外,长达 50 万字的昆虫百科年鉴(1952年卷)中仅有一小段文字谈到过火蚁。

农业部宣称火蚁会对庄稼和牲畜造成危害的说法也是毫无根据的。阿拉巴马州农业实验站对此进行了仔细研究,提出截然不同的看法。阿拉巴马州的科学家认为:"火蚁对植物基本不构成伤害。"美国昆虫学会轮值主席(1961)、阿拉巴马州理工学院昆虫学家艾伦特博士说:"过去五年,我们从未收到过火蚁破坏植物的报告……目前尚未发现火蚁对牲畜有危害。"一直在野外和实验室观察火蚁的研究人员说,火蚁主要以其他各类昆虫(其中大多数都是对人类有害的昆虫)为食。据观察,火蚁会吃食棉铃象甲幼虫。而它们掏土造窝穴的行为有利于土壤的通气和排水。密西西比州立大学的调查证实了这些研究结论。这些研究远比农业部的证据更为可信。后者的证据显然要么来自农民的口头访谈(农民难免会混淆蚂蚁的种类),要么基于陈旧的研究。不少昆虫学家认为,火蚁嗜食习惯会随着数量增加而发生改变,因此几十年前的研究成果参考价值不大。

火蚁威胁人类健康和生命的说法更是彻底的杜撰。为了赢得民众的支持,农业部赞助拍摄了一部宣传影片,展现火蚁蜇咬的恐怖画面。诚然,被火蚁蜇咬会产生灼痛,但人们都有良好的防范意识,正如我们通常都会避免黄蜂、蜜蜂蜇咬。个别敏感人群会出现严重反应,医学文献只记录过一起可能与火蚁毒液有关的致死事件(并未有确证)。与此形成鲜明对比的是,人口统计办公室数据显示,仅 1959 年就有 33 起蜜蜂或黄蜂蜇伤致死案例。然而,似乎并没有人因此提出要"根除"蜜蜂与黄蜂。此外,当地的证据才最有说服力。阿拉巴马州火蚁出现历史最久(40 年)、数量最密集,但该州卫生部门官员认为,"从未有过外来火蚁蜇咬致死的记录,"因火蚁蜇咬就医的情况也"极其偶然"。草坪或操场上的火蚁巢丘可能会导致孩童被蜇咬,但这却不足以成为向数百万英亩土地喷洒毒药的借口。只需针对性地清理巢丘就能轻易解决这一问题。

火蚁威胁猎鸟的说法也毫无根据。阿拉巴马州奥本市野生动物研究所负责人莫里斯·贝克博士对此最有发言权,他在该领域有多年的丰富经验。贝克博士的观点与农业部说法截然相反。贝克博士明确说道:"阿拉巴马州南部和佛罗里达州西北部是极佳的捕猎区,美洲鹑与大量外来火蚁在此共生共存……阿拉巴马州南部出现火蚁近 40 年,猎鸟数量持续稳定增长。显然,如果外来火蚁对野生动物造成严重威胁,这些情况就不会出现。"

清剿火蚁的杀虫剂对野生动物造成了何种后果,这则是另一个问题。灭杀行动所用的农药是相对新型的狄氏剂和七氯,这两种农药没有进行过野外试用,没有人知道大规模投放会对野生鸟类、鱼类或哺乳类动物造成何

种危害。但明确可知的是,这两种农药毒性都是 DDT 的若干倍。当时,DDT 已使用了近十年,即便每英亩 1 磅 DDT 都会导致鸟类和鱼类大量死亡。而狄 氏剂和七氯剂量更高:大部分情况下浓度为每英亩 2 磅,如果还需要同时防 控白缘象甲,则浓度为每英亩 3 磅狄氏剂。至于对鸟类的危害,规定使用的七 氯浓度相当于每英亩 20 磅 DDT,而狄氏剂浓度则相当于每英亩 120 磅 DDT!

　　该州大多数自然保护部门、国家自然保护机构、生态学家,甚至不少昆 虫学家,纷纷提出紧急抗议,要求时任联邦农业部部长的艾兹拉·本森推迟 执行该项目,至少等七氯和狄氏剂对野生与家养动物危害的调查研究完成 以确定最小灭杀剂量后再执行。但他们的抗议无人理会,火蚁防治行动于 1958 年开始执行。第一年喷洒面积达 100 万英亩。很显然,任何研究工作 都已于事无补。

　　随着灭杀计划的推进,阿拉巴马州和联邦野生动物研究机构以及各大 高校生物学家在研究中积累起大量真相。这些研究表明,药物喷洒几乎造 成某些地区的野生动物彻底毁灭,家禽、牲畜和宠物都死光了。农业部以 "夸大其词"和"容易误导"为由抹消了农药造成危害的全部证据。

　　然而,真相在持续涌现。比如,喷洒农药后,德克萨斯州哈丁郡的负鼠、 犰狳以及大量浣熊全部消失。即便到了第二年秋天,这些动物仍然非常少 见。该地区所存数量不多的浣熊体内全都发现了化学药剂残留。

　　鸟类尸体化学分析显示,死鸟都曾吸收或直接吞食过灭杀火蚁的农药。 (家雀是唯一幸存数量较多的鸟类,多地证据表明它们可能对该药具有免 疫能力。)1959 年,阿拉巴马州一大片土地喷药后,半数鸟类死亡。生活在 地面上或多年生低植被中的鸟类全部死光。喷药一年后的春天,仍然没有任何鸣禽，营巢地区空空如也、一片死寂。德克萨斯州很多鸟巢里发现了死去的画眉、美洲斯皮札雀和草地鹨，大量鸟巢遭弃置。德克萨斯州、路易斯安那州、阿拉巴马州、佐治亚州和佛罗里达州送往鱼类及野生动物服务中心检验的死鸟中，超过 90% 的样本中发现高达 38 ppm 的狄氏剂或七氯残留物。

在路易斯安那州过冬、回到北方繁育的丘鹬体内也携带防治火蚁的毒药，其来源不言而喻。丘鹬主要以蚯蚓为食，用长长的喙在泥土中觅食。喷药 6 到 10 个月后，路易斯安那州存活蚯蚓体内七氯残留浓度高达 20 ppm，一年后浓度仍为 10 ppm。丘鹬间接中毒导致幼鸟与成鸟数量显著下降，而灭杀火蚁当季就已开始出现该现象。

美洲鹑的情况最令南方猎鸟人难过。喷过农药的地方，地面觅食、营巢的美洲鹑全部死光了。举个例子来说，阿拉巴马州联合野生动物研究所的生物学家曾对该州 3 600 英亩待喷药地区的美洲鹑数量做过摸底统计。该地区共生活着 13 个鸟群，121 只美洲鹑。喷药两周后，该地美洲鹑全部死光。所有送到鱼类及野生动物服务中心检测的死鸟样本都含有致死农药残留。德克萨斯州情况与阿拉巴马州大致相同，2 500 英亩喷洒七氯的土地上所有美洲鹑均遭灭杀。除了美洲鹑，90% 的鸣禽也都死了。同样，死鸟经检测在体内组织中发现了七氯残留。

除美洲鹑外，野火鸡也因火蚁防治项目而数量锐减。阿拉巴马州威尔考克斯郡某地喷洒七氯前有 80 只野火鸡，而喷药后的当年夏季，除了一窝未孵化的火鸡蛋和一只死了的小火鸡，找不到一只野火鸡。家养火鸡与野火鸡遭遇相同，喷药地区农场里很少有小火鸡出生。极少数火鸡蛋能够孵

化,而孵出的鸡苗成活率几乎为零。附近未喷药地区则无此类现象。

火鸡的命运绝非孤案。当地最受人敬重的著名野生动物学家克拉伦斯·科塔姆博士走访了不少在田里喷过药的农民。他们反映说,喷药后"树上的小鸟"似乎全部消失了。大多数人还报告了牲畜、家禽和宠物的死亡情况。科塔姆博士在报告中写道:"有一个农民对喷药人员大为光火,说曾亲手埋葬或用其他方式处理了家中被农药毒死的19头奶牛。此外,他听说另外也有3到4头奶牛被农药毒死。出生后吃母乳的小牛犊也都死了。"

科塔姆博士采访的这些人对土地喷药后几个月所发生的事情都感到困惑不解。一位妇女告诉他,喷药后她养了几只母鸡,"不知为什么,孵出的小鸡非常少,成活的也很少"。还有一位农民"喷药后整整九个月没养活过一头猪。生下来的小猪要么是死的,要么出生后不久就死掉"。另一位农民也有相同遭遇,他说正常情况下37窝猪崽能有250头,却只存活了31头。这位农民还表示,喷药后连鸡也没法养了。

农业部自始至终否认牲畜死亡与火蚁防治项目有关。然而,佐治亚州班布里奇市兽医奥蒂斯·波伊特文博士接诊过多起动物中毒病例,他认为造成动物死亡的原因是杀虫剂,理由如下:喷洒灭杀火蚁农药后两周至数月内,牛、羊、马、鸡、鸟和其他野生动物纷纷患上一种致命的神经系统疾病。只有接触过含毒食物或水源的动物才会染上这种疾病,圈养动物并未受此影响。该病仅发生在喷药地区,实验室检测呈阴性。波伊特文博士与其他兽医观察到的症状,与权威著作中描述的狄氏剂或七氯中毒症状相吻合。

波伊特文博士还描述了一桩引人关注的案例:一头两个月大的牛犊出现了七氯中毒症状。经过一系列彻底检查后,发现其脂肪中七氯浓度高达

79 ppm！然而，此时距离喷药已经过去了五个月。牛犊是因为吃食牧草直接中毒，还是因为吸食母乳间接中毒，抑或是在胚胎里已经中毒？"如果是因为牛奶中含有毒素，为什么没有采取预防措施，保护喝本地牛奶的孩子们？"波伊特文博士质问道。

波伊特文博士的报告提出了一个关于牛奶污染的重大问题。火蚁防治项目实施区域以草场和农田为主。在这些地方牧养的奶牛情况怎么样？喷过药的草必然会残留某种形式的七氯，如果奶牛吃了这些草，牛奶中自然会带有这些农药残留。早在火蚁防治项目实施前（1955），已有实验证明七氯会直接进入牛奶，后来用于火蚁防治项目的狄氏剂实验结果也一样。

虽然，农业部年刊如今已将狄氏剂和七氯列入导致饲料植物不宜喂食产奶、产肉动物的化学农药名单，而其防治部门却向南部牧场发动了大规模七氯与狄氏剂喷洒行动。谁来保护消费者，确保牛奶中没有狄氏剂或七氯残留？农业部一定会说，他们已经建议30到90天内不得让奶牛进入农药喷洒区域。由于很多农场面积非常小，而喷药规模却如此大（大多数农药喷洒由飞机作业完成），该建议的可操作性或可行性非常值得怀疑。从农药残留的持久性来看，建议的隔离时间也远远不够。

食品药品监督管理局尽管对牛奶中的农药残留极为不满，但他们在此事上没什么发言权。现在，火蚁防治项目所涉及的大部分州乳品工业规模都很小，产品不会销往其他州。因此，联邦政府项目造成的奶产品危机只能靠各州自行解决。1959年，提交给阿拉巴马州、路易斯安那州和德克萨斯州卫生官员及相关部门官员的调查材料均显示，报告并未对牛奶进行任何检测，人们甚至不知道牛奶是否遭到杀虫剂污染。

事实上,人们在防控项目实施后才开展本该先期进行的七氯特性研究。也许准确的说法是,项目实施后才有人查阅以前发表的研究结果。然而,那些发表的成果却没能够影响其后若干年联邦政府实施的火蚁防治计划。当时研究者就已经发现,七氯在动植物组织或土壤中只需要很短的时间,就能够转化成毒性更强的环氧七氯(也就是通常所说风化作用产生的氧化物)。事实上,七氯向环氧七氯的转化早在 1952 年就已为人所知。当时,食品药品监督管理局发现,母鼠摄入浓度 30 ppm 的七氯仅两周,体内所蓄积的毒性更强的环氧化物浓度就高达 165 ppm。

1959 年,食品药品监督管理局发布禁令,严禁任何食物中含有七氯或环氧七氯残留,上述研究成果才开始突破晦涩的生物学文献而为人们所知。该禁令至少能够让火蚁防治项目暂时降温。尽管农业部仍强行收取火蚁防控年度经费,地方农业技师却越来越不愿意建议农民使用那些可能导致农作物不宜合法销售的化学农药。

简而言之,农业部在实施项目前,并未对待用化学农药的已知属性进行最基本的调查。即使做过调查,也完全无视已有研究成果。他们也一定没有对完成灭杀任务所需的最小农药剂量进行过前期调研。经过三年大剂量喷洒后,1959 年农业部突然将七氯用量从每英亩 2 磅减少到每英亩 1.25磅;后来又减少为每英亩 0.5 磅,分两次喷洒,每次 0.25 磅,时间间隔为三到六个月。农业部一位官员对此解释说,"激进方法改进计划"证明,小剂量喷施就能达到灭杀效果。如果在项目启动前获知该信息,不仅能够避免大量损失,也可以为纳税人节省一大笔费用开支。

1959 年,农业部试图平息民众对防治项目的不满情绪,主动向德克萨斯州农民免费发放农药，前提是要求他们签署一份不向联邦、州和当地政府索求赔偿的免责协议。同年，化学农药造成的损失令阿拉巴马州感到恐慌和愤怒，拒绝为该项目拨款。该州一位官员认为，整个项目"愚蠢、草率、混乱，是肆意践踏其他公共和私人机构职责的极端典型"。项目虽然失去了州政府的资金支持，但是联邦政府的拨款依然不断流入阿拉巴马州。1961年，州议会再次被说服同意划拨一小笔经费。与此同时，路易斯安那州农民发现，消灭火蚁的化学农药导致甘蔗害虫大量繁殖，越来越多的人不愿意再签署火蚁防治协议。这个项目显然没有取得任何成效。1962年春天，路易斯安那州立大学农业实验站昆虫学研究负责人纽瑟姆博士对防治项目做了简单总结："目前看来，联邦政府与各州机构联合实施的火蚁'根除'计划已彻底失败。路易斯安那州火蚁危害范围比喷药前更广泛。"

人们似乎开始转向一些更加理性、更加保守的做法。佛罗里达州报告说，目前该州火蚁数量远超喷药之前，因此宣布放弃任何大规模根除行动，只进行局部控制。

很多年前，人们就已经了解到一些投入低、效果好的局部控制方法。火蚁具有巢丘栖居特性，很容易对其进行逐一喷药治理。这种局部治理成本约为每英亩1美元。在蚁穴大量分布的地区，可以采用机械化作业。密西西比州农业实验站研发出一种耕耘机，将火蚁巢丘耙平后，在巢丘土中直接施放农药。这种办法可以灭杀90%至95%的火蚁，成本仅为每英亩23美分。然而，农业部那个大规模防治项目每英亩约花费3.5美元——花费最高，危害最大，收效却又最小。

第十一章

波吉亚家族都不敢想象

　　大规模农药喷洒并非造成人类世界污染的唯一根源。事实上，对多数人来说，大规模喷药的危害性远不及与无数小剂量农药日复一日、年复一年的接触。正如滴水终能穿石，人类从出生到死亡持续接触的危险化学药品最终也会造成灾难性后果。这些持续的化学药品接触（不管剂量多么微小）造成人体内化学毒素不断蓄积，最终造成累积性中毒。除非生活在完全与世隔绝的想象之地，否则没有人能够逃脱如此广泛的农药污染。受软性推销①和隐匿劝说者②的煽动，普通民众很少意识到周围遍布致命毒性物质。事实上，他们很可能根本意识不到自己正在使用有毒物质。

　　有毒物质的时代已经彻底来临。任何人随便走进一家商店都能轻易买到具有致死威力的药剂，不会有人上前来盘问；很可能在隔壁药店里，毒性弱得多的药品反而需要在"含毒药品登记簿"上签字确认才能购买。如果

---

　　①　软性推销（Soft Sell），也称"软销"、"软诱推销"，是一种兼顾对方感受，顺应其个性风格、满足其需求或助其达成目标，赢得信任的推销术。
　　②　隐匿劝说者（Hidden Persuader），指隐秘的说服者，也称"隐劝者"，此处指商业活动中的"托儿"。

对货架上售卖的化学药剂有最基本的知识,在任何一家超市随便调查几分钟,都足以吓退胆子最大的消费者。

如果杀虫剂售卖区上方悬挂着大幅骷髅头剧毒标识,消费者进入该区域至少会像通常对待致死物质那样谨慎。然而该售卖区却布置得温馨宜人:走道对面货架上摆着泡菜和橄榄,相邻货架上是沐浴与清洁用品,中间货架上则放着一排排杀虫剂。小孩子伸手就能取到这些装在玻璃容器内的化学药剂。万一被儿童或成人不慎碰落,摔碎到地上,周围每个人都会溅上这种足以让喷洒工人中毒抽搐的化学药物。这样的危险性当然也会随着消费者的购买而进入他们的家中。比方说,含DDD的防蛀剂外罐上会用小号字体印上警告,表明所容之物压于罐内,如置于高温或明火环境下易引发爆炸。氯丹是一种厨房里广泛使用的家用杀虫剂。而食品药品监督管理局首席药理学家已经宣布,在喷过氯丹的房子里生活"极其危险"。其他一些家用杀虫剂甚至还含有毒性更强的狄氏剂。

现在的厨用杀虫剂外形美观、使用方便。白色或与家具相配的彩色橱柜贴纸可能双面都浸透着杀虫剂。商家还会为我们提供自助灭虫手册,轻轻按下按钮,就能将狄氏剂喷雾喷到最隐蔽的橱柜角落和缝隙、墙角以及踢脚板内。

如果遭受蚊子、恙螨或其他害虫袭扰,我们可以在衣服或皮肤上涂喷各种乳液、乳霜和喷雾。虽然我们被告诫这些产品中有一些能够溶解清漆、油漆与人工合成物,我们却想当然地认为这些化学物质不会穿透人类皮肤。为确保我们能够随时驱赶蚊虫,纽约一家专卖店推出一款袖珍喷雾器,可收纳在钱包、沙滩拎袋、高尔夫球包或渔具袋内随身携带。

我们会给地板涂上药蜡，以杀死所有可能出现的昆虫；我们会在衣柜和衣服防尘罩中放置浸满林丹的条式防蛀剂，或将防蛀剂塞进衣柜抽屉，半年都不用担心蛀虫损坏衣物。广告绝不会提及林丹的危险性，而电子林丹汽化装置广告更不会提，他们只会告诉消费者产品安全、无异味。事实上，美国医学会认为林丹汽化器非常危险，因此在《美国医学会杂志》上发起了一场广泛抵制林丹汽化器的运动。

美国农业部在《家居与园艺快报》中建议，民众可向衣物上喷洒 DDT、狄氏剂、氯丹或其他杀虫剂油溶液。农业部说，因过量喷洒遗留在织物上的白渍能够很容易地清洗掉，却没有告诫我们必须慎重选择清洗的地点和方式。所有这一切导致了我们白天与杀虫剂相伴，夜晚还要盖着浸满狄氏剂的防蛀毛毯入眠。

现在，园艺与超级毒药密切关联。每家五金店、园艺用品商品和超市都摆放着一排排能满足所有园艺工作需求的杀虫剂。几乎每一种报纸的园艺版块和大多数园艺杂志都将使用杀虫剂视为理所当然，仿佛不广泛使用这些致命喷雾剂或粉剂就是玩忽职守。

甚至那些容易致人猝死的有机磷类杀虫剂也被广泛应用于草地和观赏植物。因此，佛罗里达州卫生委员才在 1960 年决定出台禁令，凡不符合规定条件、未获得许可者，一律不得在居民区为商业目的使用杀虫剂。而在该禁令实施前，佛罗里达州发生过多起对硫磷导致的死亡事件。

然而，很少有人告诫园艺爱好者和家庭用户，他们所使用的东西极具危险性。不仅如此，各种小器械源源不断地出现，使草坪或花园喷药变得更加便捷，从而增加了园艺爱好者接触毒药的机会。比如，人们可以将罐型容器外接到花园水管上,给草坪浇水时同步喷洒氯丹或狄氏剂等高危化学药剂。这种装置不仅会给用水管浇水的人带来威胁,也会危害到其他人。《纽约时报》认为,必须在园艺专栏上对上述行为进行警示,因为如果没有安装专门的保护装置,毒药会在倒虹吸作用下进入供水系统。类似的农药小器械如此之多,而类似《纽约时报》的警示又如此之少,我们还需要询问公共水源遭污染的原因吗?

至于杀虫剂对园艺爱好者的危害,我们不妨看一看发生在一位内科医生身上的事情。这位医生业余时间酷爱园艺工作。他每周定期给自家灌木丛和草坪喷药,起初喷洒 DDT,后来则改喷马拉硫磷;有时使用手持式喷雾器,有时则采用水管外接装置喷洒。喷药时他身上常常会被喷雾弄湿。这种情况持续了大约一年时间,后来他突然病倒了,被送到医院就诊。脂肪样本活体切片检测显示,其体内 DDT 浓度为 23 ppm。医生认为他的神经系统受到了大范围、永久性损伤。后来,他逐渐消瘦,极易疲劳,且伴有异常的肌无力现象,这些都是典型的马拉硫磷中毒症状。如上症状持续加重,这位内科医生恐怕再也无法行医。

除了一度无害的花园洒水管,动力割草机也被安装上农药喷洒装置,家庭用户因此可以一边修剪草坪一边喷雾杀虫。除了动力燃油尾气的潜在危害,空气中还混杂着郊区居民不加质疑选用的杀虫剂微细颗粒,这样一来,私房屋主自家田地上方空气污染程度远超许多大城市。

然而,很少有人会谈及用农药打理花园的风尚和居家使用杀虫剂存在的危害。杀虫剂包装上用小号字体印着非常不显眼的警示,很少有人会费神去阅读或遵照执行。最近,一家公司做了个调查,试图发现到底有多少人

会阅读杀虫剂使用说明。结果显示，只有不到15%的使用者知道农药包装上印有使用警告。

现在的郊区居民倾向于不惜任何代价根除马唐草。拥有一袋袋专门清除马唐草的化学农药简直成了社会地位的象征。这些除草剂的品牌名称里绝不会显示其真实成分或特性。要想知道这些化学药剂中含有氯丹或狄氏剂，就得阅读包装袋上最不起眼位置上印着的极小号文字说明。五金店或园艺用品商店的产品说明书很少会告知人们使用或喷洒药剂可能造成的危害。相反，此类药剂的广告图片都描绘着"父亲和儿子满面笑容，正准备给草坪施药，小孩子们和狗在草地上翻滚玩耍"的幸福家庭景象。

食品中的农药残留引发人们的激烈争论。农药生产厂家对这些残留问题不是嗤之以鼻就是矢口否认。与此同时，越来越多呼吁食品免除杀虫剂污染的人却被贴上"狂热分子"的标签。在这片争议的迷雾中，真相到底如何？

医学已经证实（作为常识我们也能够知道），DDT时代到来前（1942年左右）去世的人体内未发现DDT或类似化学物质残留。本书第三章曾经提到过，1954至1956年间，普通民众体脂样本显示平均DDT浓度为5.3—7.4 ppm。已有证据表明，此后DDT平均浓度持续上升到了一个更高的数值，而那些由于职业或其他特殊原因经常接触杀虫剂的人群体内的残留浓度则更高。

我们不妨假定，没有明确杀虫剂接触史的普通人体脂肪中的DDT主要通过食物摄入。为验证这一预设，美国公共卫生署科研团队对餐馆和公共机构的餐食进行抽样调查。结果显示**所有餐食样本都含有 DDT**。调查人员有充分理由得出如下结论：几乎没有完全不含 DDT 的食物。

餐食中的 DDT 含量有可能会非常高。在公共卫生署的一项独立研究中，对监狱膳食所做的分析显示，炖干果中 DDT 浓度为 69.6 ppm，面包中 DDT 浓度则高达 100.9 ppm！

在普通家庭的日常饮食中，肉类和动物脂肪类食物的氯代烃残留量最高，这是因为氯代烃为脂溶性毒素。水果和蔬菜上的残留则少一些。这些农药残留基本上无法用水清洗，唯一的办法是彻底摘除生菜或卷心菜等蔬菜的外包叶片，水果削皮并将果皮或外壳一并丢掉。正常的烹煮无法去除农药残留。

牛奶是食品药品监督管理局明确禁止含有杀虫剂残留的少数几种食品之一。然而，事实上每次牛奶抽检都会发现有农药残留。黄油和其他乳制品中农药残留量最高。1960 年，对 461 份乳制品抽样检查显示，三分之一的受检样本中含有农药残留，食品药品监督管理局称"情况极不乐观"。

要想找到一份完全没有 DDT 和相关化学物质的食物，似乎得去偏远、原始，尚未受到过文明社会便利设施影响的地方。这样的地方确实存在（至少暂时存在）——阿拉斯加州的北极海岸地带。然而，即便在那里也能发现污染的阴影日益迫近。科学家检测发现，当地爱斯基摩人的膳食中不含杀虫剂。鲜（干）鱼、海狸、白鲸、北美驯鹿、驼鹿、髯海豹、北极熊和海象等的脂肪、油脂与肉均不含 DDT；蔓越莓、美洲大树莓和野生波叶大黄等都没有受到污染。仅有的例外是两只来自波因特霍普市的白猫头鹰，它们体内含有少量 DDT，也许是在某次迁徙过程中摄入的。

对爱斯基摩人的脂肪抽样检测也发现了极少量 DDT 残留（0—1.9 ppm）。造成这一结果的原因十分清楚。检测样品取自那些曾经离开过居住的村落，到安克雷奇美国公共医疗服务医院接受手术治疗的爱斯基摩人。安克雷奇已经普及现代文明的生活方式，医院供应的餐食中含有的 DDT 浓度与人口稠密的大城市一样高。在文明社会的短暂停留，导致这些爱斯基摩人摄入了毒素。

农作物广施化学药品，必然会导致我们吃的每一餐都含有一定量的氯代烃。如果农民严格遵循药品标签上的喷洒说明，化学农药残留量就可以控制在食品药品监督管理局允许的安全范围内。我们暂且不讨论这些法定残留标准是否果真如官方所宣称的那样"安全"，人尽皆知的事实是：农民往往过量使用农药，临近收获时依然喷洒农药，能用一种杀虫剂解决的问题却通常混合使用若干种杀虫剂。这些都从侧面反映出人们并不阅读杀虫剂包装上的小号文字说明。

就连农药生产行业都意识到杀虫剂被频繁滥用的情况，认为有必要对农民开展教育。该行业一份重要的商业杂志最近称："很多农民似乎并不知道，施用高于建议剂量的农药，就会僭越农药'许可限度'。杀虫剂对农作物造成的危害，多数情况下都是农民任性妄为的结果。"

食品药品监督管理局卷宗里记录了大量令人担忧的农药滥施、滥用情况。以下是无视杀虫剂使用说明的一些例子：一位种生菜的农民在收割前不久对生菜喷洒了 8 种不同杀虫剂；一位货运商向芹菜喷洒剧毒对硫磷，浓度为最大推荐剂量的 5 倍；虽然明令禁止生菜上带有农药残留，菜农仍然喷洒了毒性最强的氯代烃类农药异狄氏剂；菠菜收割前一周喷洒 DDT。

也有一些偶然或意外遭受农药污染的情况。大批量装在麻布袋中的咖啡生豆因与杀虫剂货品同船运输遭到污染。存在仓库内的包装食品可能会反复遭受 DDT、林丹以及其他杀虫剂喷施，药剂可能会浸透食品包装材料，造成严重的污染。食物存放的时间越长，受污染的危险越大。

有人也许会问，"政府难道就不保护我们免遭这些危险吗？"答案是"仅能在有限的程度上"。在保护消费者免受杀虫剂危害的问题上，食品药品监督管理局严重受制于两方面因素。其一，管理局只有过问跨州贸易情况的权限，州内种植和售卖的作物无论如何违反规定，都不在其管辖范围内。其二，最关键的问题在于管理局人员编制严重不足，各部门工作人员总计不到 600 人。管理局一位官员说，在现有设备条件下，我们只能对极小量的州际贸易作物进行抽查，抽查率远远不到 1%，完全不具备统计学意义。由于大部分州在这方面的法律极不健全，州内种植和售卖的农作物情况更糟糕。

食品药品监督管理局规定的最大污染容许度系统（即"许可限度"）明显存在缺陷。从目前情况看来，那个规定不过是一纸空文，营造了一种确定安全限度且执行良好的假象。至于食品上允许少量农药残留的安全性（不同药剂的安全限度不同），许多人基于大量有力证据指出，食品中存在任何农药都不安全，也不应该允许存在。食品药品监督管理局根据实验室动物药理检测结果，选取了一个不会令动物产生中毒症状的污染最大值，认定为"许可限量"。这个意欲保证食品安全的系统忽略了大量重要事实。在人为、可控环境下生活的实验动物摄入一定量特定杀虫剂，与人类在自然环境下接触杀虫剂的情况有着天壤之别。人类摄入的杀虫剂不仅种类繁多，而且在多数情况下不可知、不可测、不可控。即便一个人的午餐沙拉中，生菜

的 DDT 残留为 7 ppm，"安全"可食用，但他的午餐还包括其他东西，每一样东西都带有许可范围内的农药残留。即便如此，这也只是他摄入的农药残留的一部分，很可能是非常小的一部分。人类接触杀虫剂的途径非常广泛，根本无从测定一个人的农药摄入总量。因此，讨论任何剂量的农药残留的"安全性"问题毫无意义。

"许可限度"系统还存在着其他一些缺陷。有些时候，农药容留许可限量是在食品药品监督管理局的科学家做出更佳判断之前确定的（本书第十四章会有相关引证）；有些时候是在对相关化学农药属性知识相对欠缺的前提下确定的。及至有了更好的判断、更充足的信息，农药容留许可限量值会被降低或取消，而这种情况往往发生在民众过量接触化学农药数月或数年之后。食品药品监督管理局曾经确定过七氯容留许可限量，但后来不得不予以撤销。一些化学农药注册投用前，由于没有实用的野外分析方法，检查人员很难发现其残留。这一困难极大阻碍了蔓越莓农药氨基噻唑残留的检测工作。对通常作为种子包衣的某些真菌同样缺少分析方法——种植季结束后，剩下的种子很可能成为人们餐桌上的食物。

实际上，确立许可限值意味着允许大众食品供应中存在有毒化学品，其目的在于降低农民和加工商的生产成本，而消费者却要为此缴纳税费，供养一帮制定政策的人来保证自己不会摄入致死剂量的农药。在目前农药使用量大、毒性强的现状下，要想把监管工作做好，需要大笔资金，任何立法委员都不敢划拨如此巨额的款项。因此，最终的结果是，倒霉的消费者纳税给自己买下毒药。

我们该如何解决这一问题？当务之急是取消氯代烃、有机磷和其他剧毒化学药剂的容留许可限量。但立刻就会有人反对这个建议，认为这会给农民施加难以承受的负担。但是，如果能够将各类蔬菜、水果上的农药残留控制在许可限量（DDT 为 7 ppm，对硫磷为 1 ppm，狄氏剂为 0.1 ppm）范围之内，我们为什么不继续努力，彻底杜绝残留？事实上，政府已经出台规定，严禁某些农作物出现七氯、异狄氏剂或狄氏剂残留。如果上述禁令可以实现，为什么不将其推广到面向所有作物和所有农药？

但这还不是一个最终、最彻底的解决方案，文件上的零容忍意义不大。正如我们所知，目前 99%以上的州际食品运输都可以避开检查。因此我们也迫切需要食品药品监督管理局提高警惕、积极主动，同时大量扩充检查工作人员队伍。

然而，这种故意在食品中留毒，继而进行立法监管的制度，很容易让人想起刘易斯·卡罗尔的名著《爱丽丝漫游奇境》中的白衣骑士，这位骑士想出一个"妙招"——让人把胡子染成绿色，再用一把大扇子挡住，这样一来绿胡子就不会被人看见。终极的解决办法是使用毒性较小的农药，即便滥用，民众所受的危害也会大大降低。这样的化学农药已经存在，如除虫菊酯、鱼藤酮、鱼尼丁以及其他植物萃取物。最近除虫菊酯的人工合成替代品也已经被研制出来。一些国家已经准备好提高相关天然产品的产量，以满足市场需求。我们也迫切需要对民众开展教育，使其了解在售化学农药的性质。面对眼花缭乱的各种杀虫剂、杀菌剂和除草剂，一般购买者无从知道哪些药剂具有致命毒性，哪些又相对安全。

除了改用危险性较低的农业杀虫剂，我们还应当积极探索非化学方法的可能性。目前，加州正在试点使用一种新方法，通过使用专门针对某些类

型昆虫的细菌令其感染疾病,从而达到灭杀效果。该方法的扩大实验正在
进行中。除此之外,还有许多能够有效防控害虫却不造成农药残留的方法
(参见本书第十七章)。按照任何常识标准,目前的情况都令人无法忍受,
然而在大规模推广新方法之前,人们丝毫不能掉以轻心。我们所处的境况
比欧洲波吉亚家族的客人好不到哪里去。

第十二章

人类的代价

工业时代催生的化学药品大潮吞食了我们的环境,最严重的公共健康问题的本质也随之发生了巨大变化。仿佛就在昨天,人类还在为肆虐全国的天花、霍乱和瘟疫等灾难惶恐不安。如今那些一度盛行的疫病已不再是我们的主要关切,全新的卫生设备、良好的生活条件和各类新型药物使人们能够极大地控制传染性疾病。现在,令我们焦虑的是,环境中潜伏的另一种灾害——随着现代生活方式发展,将我们带入新的环境灾害的正是我们自己。

新的环境卫生问题各式各样,有的由各种辐射造成,有的由无穷更迭的化学药品(杀虫剂只是其中的一部分)造成。化学药剂无处不在,或单独或联合发挥效用,给人类造成直接和间接的危害。化学药品的出现给我们投下了一道无形而又隐蔽的不祥阴影,令人们提心吊胆,终生暴露在这些并非人类生理过程的物理化学因素中,我们很难预料它们会给人们造成什么样的危害。

美国公共卫生署戴维·普莱斯博士说:"我们一直生活在恐惧中,担心某种原因造成环境严重恶化,从而导致人类像恐龙一样成为被自然淘汰的

物种。……我们的命运在病症表现出来之前二三十年就已经被决定，想到这一点更加令人不安。"

杀虫剂与环境性疾病的关系何在？如我们所知，杀虫剂已经污染了土壤、水源和食物，它们造成河中无鱼，花园和树林中无鸟，到处一片死寂。不管我们如何否认，人类都只是大自然的一部分。整个世界到处充斥着污染，人类能够幸免吗？

我们知道，接触任何化学农药，只要达到一定剂量都可能导致急性中毒。不过这还不是问题的关键。农民、喷洒人员、飞行员和其他大量接触杀虫剂的人突然中毒或死亡，都是不应该发生的人间悲剧。人类作为一个整体，更应当关注那些以不可见的方式污染地球的小剂量杀虫剂所引发的潜在危害。

负责公共卫生的官员指出，化学药物的生物效应会长期累积，对个人的危害程度取决于他一生接触的化学药剂总量，正因为如此，这种危险很容易被人们忽视。对于并不明确的未来灾难，人们会习惯性地忽略。著名医学博士勒内·杜博斯①说："人们通常只重视症状明显的疾病，然而最大的敌人往往乘虚而入。"

这个问题如同密歇根州的知更鸟或米拉米奇河流域的鲑鱼所面临的问题，对我们每个人来说，都是一个互相关联、互相依赖的生态学问题。我们

----

① 勒内·杜博斯（René Dubos，1901—1982），美国著名微生物学家、实验病理学家和人文学家，1969 年普利策奖获得者，1972 年联合国人类环境会议专家顾问。代表作品有《人类适应性》《人类、医学和环境》《人类是这样一种动物》。与芭芭拉·沃德合撰《只有一个地球》，其中观点被 1972 年联合国第一次人类环境大会采纳并写入《人类环境宣言》，被誉为"绿色圣经"。

毒杀小溪中的石蛾,洄游鲑鱼会数量锐减并死亡。我们施药灭杀湖里的蚋蚊,毒素会通过食物链环环传递,湖区生活的鸟类会受到毒害。我们向美国榆喷药,次年春天就再也听不到知更鸟鸣唱。我们并没有直接向知更鸟喷药,而毒素沿着人们已知的"榆树叶—蚯蚓—知更鸟"链环逐渐传递。上述案例都有文献记录,是发生在我们周围的活生生的例子,反映出的是科学家所称的生态的生命/死亡之网。

人体内也有一个生态世界。在这个看不见的世界里,极微小的起因有可能导致非常严重的后果。这些后果常常看似与起因毫无关联——症状显现的身体部位与原发损伤处相距甚远。最近的一份医学研究现状总结报告说:"某一个部位的变化,甚至某个分子的改变,都有可能影响到整个系统,在看似不相关的器官和组织引起病变。"如果关注奇妙、神秘的人体功能,我们会发现因果关系很少以简单、易见的方式呈现。两者之间很可能存在时空上的错位。要想探明引发疾病和死亡的原因,需要将许多看似截然不同、毫无关联的事实联系起来,而这些事实需要建立在许多领域的大量研究工作之上。

我们习惯于寻找明显、直接的影响,而忽略其余。除非那些突然发生的明显危害,令人们无法忽视,否则我们就会否认危害的存在。研究人员也面临着难题,找不出测定原发损伤的切实方法。缺乏对症状爆发前测知损伤源进行测定的有效方法,是悬在医学界面前的一大难题。

也许有人会反驳说:"我曾多次用狄氏剂喷洒草坪,却从未出现过世界卫生组织喷药人员那样的抽搐症状——狄氏剂对我没有危害。"事实并非如此简单。尽管接触过这些化学药品的人没有出现突发、剧烈症状,但他们

体内无疑会蓄积毒素。正如我们所知，氯代烃残留始于最小剂量，逐渐累积。有毒物质积存在人体所有脂肪组织中。一旦人体消耗这些多余脂肪，贮存在其中的有毒物质就会被释放出来。新西兰一家医学杂志最近提供了一个案例，一位正在接受肥胖症治疗的男子突然出现中毒症状。检查发现，该男子体内脂肪中积存的狄氏剂在减肥过程中发生了代谢转化。那些因疾病原因迅速消瘦的人也会面临同样的危险。

此外，毒素积存造成的后果也更加隐蔽。几年前，《美国医学会杂志》对脂肪组织中杀虫剂积存的危害发出过强烈警告并明确指出，相较于那些不易积存的物质，我们要更加警惕组织中的累积性药品或化学物质。杂志还警告说，脂肪组织不仅是储存脂肪的地方（脂肪约占体重的 18%），还具有很多重要的功能，积存的毒素会干扰这些功能的正常发挥。脂肪广泛分布于人体内各个器官与组织，甚至也分布于细胞膜中。因此，我们要谨记，脂溶性杀虫剂会在细胞中积存，从而干扰最重要的氧化功能和能量释放。本书第十三章会讨论这个问题的重要性。

氯代烃类杀虫剂最显著的特征是会损伤肝脏。肝脏在所有人体器官中最独特。从肝脏功能的广泛性和不可或缺性来看，人体各器官中无一可与之匹敌。肝脏控制着许多重要的机体功能，即便是肝脏上最微小的损害，也能引发严重的后果。肝脏能够分泌胆汁以消化脂肪。由于其所处的位置和汇集于此的特殊循环管道，肝脏能够直接得到来自消化道的血液，从而深度参与所有主要食物的新陈代谢。它以糖原的形式储存糖，以葡萄糖的形式精确释放出去，确保血糖保持在正常范围。肝脏是重要的蛋白质（其中包括与凝血有关的血浆蛋白质）的合成场所。肝脏将血浆中的胆固醇维持在当常水平，一旦雄性、雌性激素超过正常水平，肝脏就会发挥抑制作用。肝脏中还储存着多种维生素，其中一些维生素有利于维持肝脏的正常功能。

一旦肝脏无法正常工作，人体就会失去防御能力，不能抵抗持续侵入的各种毒素。有些毒素是代谢过程中正常出现的副产品，肝脏通过去氮作用能够很快将其转化为无害物质。外来毒素也可以通过肝脏进行无毒转化。马拉硫磷和甲氧氯之所以"没有危害"，毒性比其他同族杀虫剂小，原因就在于肝脏中的一种酶改变了它们的分子，从而降低了它们的危害性能。肝脏用类似的方式处理着我们接触到的大部分有毒物质。

如今，我们抵御外部侵入毒素和体内代谢毒素的防线已处于被削弱的瓦解状态。肝脏被杀虫剂损伤后，不仅无法保护我们免受毒素伤害，其自身的各种功能也会受到毒素干扰。这些后果不仅影响深远，而且由于类型多样，缺乏短期表征，最终也很难查明真正的原因。

鉴于几乎所有的杀虫剂都会损伤肝脏，因此我们也毫不意外地发现，在过去十多年中（自 20 世纪 50 年代始），肝炎患者数量急剧上升并持续波动增长。据说肝硬化发病率也在升高。尽管在人类身上"证明"原因 A 导致结果 B 要比在实验室动物身上难，但常识告诉我们，肝病发病率飙升与环境中伤肝杀虫剂盛行并非巧合。姑且不论氯代烃类化合物是不是最主要的原因，在目前明确知道毒素会损伤肝脏且可能降低肝脏抗病能力的情况下，仍然让自己暴露于毒素之中，似乎是非常不理智的做法。

尽管方式有所不同，氯代烃和磷酸酯这两大类杀虫剂都会直接影响神经系统。大量动物实验和人体观察已经证实这一点。最早广泛使用的新型有机杀虫剂 DDT 主要影响人类的中枢神经系统，小脑和大脑皮质运动区是

主要受危害的两大区域。标准毒理学教材显示,人体接触大剂量DDT后会出现诸如刺痛、灼痛或发痒的异常感觉,严重者还会伴有抽搐。

几位英国研究员最早向人们提供了有关DDT急性中毒症状的知识。为了解DDT中毒后果,他们进行了自体实验。英国皇家海军生理学实验室的两位科学家直接接触刷过水溶性涂料(DDT含量2%)的墙壁,通过皮肤吸收DDT。DDT附在一层薄薄的油膜中涂到墙壁上。从他们对症状的细致描述中能够看出,DDT对神经系统的直接危害十分明显:"能够真切感觉到疲倦、沉重、四肢疼痛,我们的精神状态也极其糟糕……[我们]极度易怒……对工作不感兴趣……最简单的脑力工作也无法应对。不时出现剧烈的关节疼痛。"

另一位将DDT丙酮溶液涂抹到自己皮肤上的英国实验人员报告说,自己四肢沉重、疼痛,肌肉无力,出现"明显神经痉挛"。这位实验人员休假后身体有所好转,可一回去工作情况就恶化了。他饱受四肢持续疼痛、失眠、精神紧张和极度焦虑的折磨,在病床上躺了三个星期。他有时还会全身颤抖,这恰恰就是我们现在非常熟悉的鸟类DDT中毒症状。这位实验人员在整整十个星期的时间内无法工作。年底,英国一家医学杂志将他的病例报道出来时,他还没有完全康复。

(尽管已有如上证据,几位美国研究者却仍然认为,DDT实验志愿者申说头痛和"每一根骨头都痛明显是心理作用所致"。)

很多病案记录显示的症状和疾病过程都将致病源指向了杀虫剂。通常,这些病人都有明确的杀虫剂接触史,经过治疗(包括清除生活环境中的杀虫剂),症状会有所缓解,但非常值得注意的是,**只要再次接触类似化学**

药品，病情就会复发。这一证据足以成为其他大量功能紊乱病症的治疗依据，也足以警告人们，明知危害却任由杀虫剂充斥环境，这样的做法是多么愚蠢。

为什么并非每一个处理和使用杀虫剂的人都表现出同样的症状？这牵涉每个人的敏感度问题。有证据显示，女性比男性更敏感，未成年人比成年人更敏感，久坐室内的人比户外工作或锻炼的人更敏感。除了这些区别之外，还存在其他一些难以察觉和解释的区别。为什么有的人会对粉尘或花粉过敏，对某种药物过敏，更容易感染某种传染病，而其他人则不会，个中原因尚属医学界的未解之谜。然而，过敏问题确实存在，并且影响着大量人群。不少医生估计，他们的患者中有三分之一或以上都曾出现过敏症状，而且这个数量会越来越大。不幸的是，之前不过敏的人也有可能会突然过敏。事实上，一些医务人员认为，断断续续接触化学药剂可能会导致这样的突发性过敏改变。如果情况属实，就可以解释为什么有些人因职业缘故持续接触化学药剂却极少出现中毒症状。这是因为频繁接触化学药剂已经让他们产生抗过敏的能力，这跟医生给过敏患者多次小剂量注射过敏源，进行脱敏处理是一个道理。

人类不同于在严格控制环境下生存的实验动物，不会只暴露在一种化学药物中，这使得整个杀虫剂中毒问题变得格外复杂。几大类主要杀虫剂之间，杀虫剂与其他化学药品之间，都有可能发生相互作用，造成严重后果。这些互不相联的化学药品进入土壤、水源或人类血液后不会各自孤立存在。它们之间会发生一些看不见的神秘变化，相互改变着对方的破坏力。

甚至，通常我们认为功能完全不同的两种杀虫剂也可能会发生相互作

用。如果人体接触过损伤肝脏的氯代烃,那么危害胆碱酯酶(一种保护神经的酶)的有机磷酸酯毒性就会增强。这是因为如果出现肝功能紊乱,胆碱酯酶就会低于正常水平。原本遭抑制的有机磷酸酯作用就会增强,从而引发急性中毒症状。如我们所知,成对的有机磷酸酯彼此间相互作用可以令毒性增强百倍。有机磷酸酯也可能与多种药物、合成物质和食品添加剂发生化学反应。当今世界充斥着难以计数的人造物质,谁知道还有些什么?

原本无害的某种物质在另一种物质的作用下,性质很可能会发生巨大改变。一个最好的例子是DDT的同源物甲氧氯。(事实上,甲氧氯并不如人们所说的那样安全,最近的动物实验显示,甲氧氯能够直接影响子宫,阻碍垂体激素分泌。此事也再一次提醒我们,这些化学药剂具有强大的生物危害性。还有一些研究显示,甲氧氯可能会损害肾脏。)由于单独使用甲氧氯不会产生积存,人们因此认为它是一种安全的化学药品。但这一说法未必可信。如果肝脏被其他药剂损伤,甲氧氯在人体内的积存速度将是正常情况的一百倍,能够像DDT一样对神经系统造成长期危害。导致如上结果的肝脏损伤反而可能十分轻微、不易察觉。许多常见现象都有可能造成这样的后果:使用另一种杀虫剂,使用含四氯化碳的清洗液,或服用所谓的镇定剂,其中很多(并非全部)都是氯代烃类化合物,都会对肝脏造成损伤。

对神经系统的损害不仅包括急性中毒,也可能包括一些滞后性危害。已有报告发现,甲氧氯和其他化学药品会对大脑或神经造成长期损害。除急性中毒外,狄氏剂还会造成"记忆力减退、失眠、梦魇甚至狂躁"等长期性后遗症。医学研究发现,林丹在大脑和肝脏组织中大量积存,会"对中枢神经系统造成长期、严重后果"。然而,这种形态的六氯化苯却被装进各种类型的汽化器,雾化喷洒于家庭、办公室和餐馆中。

通常我们认为只会引发急性、强烈中毒症状的有机磷酸酯,也会对神经组织造成长期、物理性损伤。近期研究发现,有机磷酸酯还会诱发神经错乱。许多人在长时间使用此类杀虫剂后,出现了麻痹后遗症。1930年前后,美国禁酒时期出现的一类怪病具有预兆意义。这种怪病并非由杀虫剂造成的,而是由一种在化学属性上与有机磷酸酯杀虫剂同源的物质造成的。禁酒令施行期间,人们会用某些药用物质代替烈酒以逃避禁酒法令。其中一种替代品就是牙买加姜汁酒。然而,符合《美国药典》质量标准的牙买加姜汁酒价格昂贵,私酒制造商于是想办法制造替代性牙买加姜汁酒。这批牙买加姜汁酒替代品居然顺利通过化学测试,还成功地骗过政府部门的化学家。为了让假姜汁酒闻起来有真酒的强烈气味,他们掺入一种叫磷酸邻三甲苯酯的化学物质。这种药剂与对硫磷及其同类药品一样,能够破坏具有保护作用的胆碱酯酶。饮用私酒制造商贩卖的假姜汁酒,使得约15 000人出现腿部肌肉麻痹,继而发展为永久性跛行,这就是现在人们所知的"姜汁酒中毒性麻痹"。伴随这种麻痹症,还出现了神经鞘损伤和脊髓前角细胞退化两种症状。

如人们所知,大约二十年后(20世纪50年代),多种有机磷酸酯杀虫剂开始投入使用。很快,就开始出现类似姜汁酒中毒性麻痹的病例。一位德国温室工作人员使用对硫磷杀虫剂,在若干次轻微中毒后,没过几个月出现了麻痹症状。后来,某化工厂的三位工作人员接触有机磷酸酯杀虫剂突发急性中毒。经过治疗,三个人都得以康复。然而十天后,其中的两个人再次出现腿部肌肉无力症状。一个人在十个月后痊愈,另外一位年轻女药剂师

的情况则严重得多,双腿瘫痪,双手和双臂也受到不同程度的损伤。两年后,一家医学杂志报道该病例时,她仍然无法行走。

导致这些中毒事件的杀虫剂已经被撤出市场,但我们目前正在使用的一些杀虫剂也可能造成类似危害。小鸡实验显示,广受园艺工人喜爱的马拉硫磷能够导致小鸡出现严重肌肉无力症状。跟姜汁酒中毒性麻痹症一样,该症状也伴有神经鞘损伤和脊髓前角细胞退化现象。

所有这些有机磷酸酯中毒患者,即便有幸存活,其前景也非常可怕。由于此类药物会严重损伤神经系统,这些患者最终都会不可避免地患上精神疾病。墨尔本大学与墨尔本亨利王子医院的研究人员最近报告的16起精神疾病案例,能够证实两者之间的关联。所有病患都有磷酸酯杀虫剂长期接触史:3人是检查农药喷洒效果的科学家,8人在温室工作,5人是农场工人。他们的症状包括记忆力减退、精神分裂和抑郁症。在被工作中接触的化学药剂击垮之前,这16个人的体检记录都很正常。

我们知道,各类医学文献普遍报道过此类中毒案例,有些跟氯代烃有关,有些则与有机磷酸酯相关。神经错乱、臆想症、失忆症、狂躁症,为了暂时消灭一些昆虫,人类付出了如此沉重的代价!如果我们坚持使用那些直接损害神经系统的化学药物,我们将被迫付出更为沉重的代价。

第十三章

透过一扇小窗

生物学家乔治·沃尔德[①]曾将其专业性极高的"视网膜色素"研究比作"一扇小窗,站在远处只能看到窗外的一丝光亮。越走近窗户视野越宽广。及至最后完全靠近,透过同一扇小窗,人就能够看见整个世界"。

同理,我们首先将研究聚焦在人体的单个细胞上,进而关注细胞内的微细结构,最后研究这些微细结构中分子间的相互作用。只有这样,我们才能够清楚地理解将外部化学物质引入人体内部所造成的最深远、最严重的后果。医学研究最近才开始关注单个细胞在生产生命体所必需的能量的过程中所起的功能。人体奇特的能量生产机制不仅是健康的根本,也是生命的根本。其重要性甚至超过人体最重要的器官,如果没有正常、有效的"氧化—释放能量"功能,人体各项机能都无法运行。然而,灭除昆虫、啮齿类动物和杂草的许多化学药品,都具有直接破坏能量生产机制,干扰其顺利运行的特性。

---

① 乔治·沃尔德(George Wald, 1906—1997),美国著名眼科学家,以其研究视网膜色素的作品闻名,1967年与霍尔登·凯弗·哈特兰(Haldan Keffer Hartline)和拉格纳·格拉尼特(Ragnar Granit)共同获得诺贝尔生理学或医学奖。

　　人们为了了解细胞氧化作用所做的研究,是生物学和生物化学领域最引人注目的成就之一。许多诺贝尔奖获得者都参与过此项研究。整个研究基于早期相关成果展开,前后历时二十五年,目前仍有不少细节问题有待深入。直到最近十年,全部研究工作才变得相对完整,生物的氧化作用才在生物化学领域成为常识。然而我们还需面对一个更重要的现实:1950年以前接受基本训练的医务人员,很少有机会了解氧化过程的重要性以及干扰该过程可能造成的危害。

　　能量生产并非在任一专门器官内完成,而是由人体各个细胞共同参与完成的。一个活细胞如同一团火焰,通过燃烧染料,生产机体所需要的能量。这个比喻虽然诗意,却不够精确,因为细胞完成"燃烧"所需要的温度只是人体的正常温度。然而,正是这几十亿温和燃烧的"小火焰"共同生产了生命所需要的能量。化学家尤金·拉宾诺维奇说,倘若这些"小火焰"停止燃烧,"心脏就不会跳动,植物就不会克服地球引力向上生长,阿米巴虫就不会游动,感觉就不会通过神经进行传递,人类大脑就无法闪烁出思想的火花"。

　　在生物细胞内,物质向能量的转化是一个源源不断的过程,是自然界的一种更新循环,像一只永不停息的轮子。以葡萄糖形式存在的碳水化合物燃料被一粒接一粒、一个分子接一个分子地投入这只轮子。在循环过程中,这些燃料分子经历裂变和一系列精微化学变化。这些化学变化逐步展开,非常有序,每一步都由一种特定的酶引导和控制,每一种酶都各司其职、各尽其责。每一步都会产生能量,也都会排出废弃物(二氧化碳和水),变化后的燃料分子被传输到下一个阶段。经过这一轮次的循环后,燃料分子经过多次分解成为一种新物质,随时能够与进入系统的新分子组合,开始再一轮循环。

细胞像化学工厂一样发挥着作用,这个过程是生物界的一大奇迹。更令人称奇的是,所有发挥作用的部分都极其微小。除极少数例外,细胞的个头都极小,只有借助显微镜才能够看见。然而,氧化作用的大部分过程在另一个更小的空间(细胞内被称作线粒体的极微小颗粒)内进行。虽然早在六十年前,人们就发现了线粒体,却一直将其视作一种起着未知、可能并不重要的作用的细胞分子,并未给予重视。直到 20 世纪 50 年代,线粒体研究才成为一个令人振奋的领域,涌现出丰硕的成果。线粒体研究一时备受瞩目,短短五年时间内就有 1 000 篇相关论文相继发表。

科学家揭开线粒体之谜所表现出的卓越才能和顽强毅力,再一次令人叹服。试想一下,一个用显微镜放大 300 倍都很难看见的小颗粒,科学家居然发明出技术能够将之与其他成分分离,单独取出并分析,确定其极为复杂的功能。这一切都有赖于电子显微镜和生物化学家的高超技术才得以实现。

我们现在已经知道,线粒体是包裹着氧化过程所需要的各种酶的细胞器,这些酶精确有序地排列在细胞内膜与膜间隙中。线粒体是细胞进行有氧呼吸产生能量的主要场所,被称为"能量制造工厂"。燃料分子在细胞质中完成最初阶段的氧化作用后进入线粒体。氧化作用在线粒体中得以完成,继而释放出巨大能量。

如果不是为了生产能量这一重要目的,线粒体中氧化作用的无休止循环就失去了全部的意义。氧化循环各阶段产生的能量被生物化学家称作

ATP(三磷酸腺苷)——由三个磷酸基团构成的分子。ATP 之所以能够提供能量,是因为它能够将其中一个磷酸基团转换成其他物质,在此过程中电子高速来回传递产生键能。而末梢磷酸基团在肌肉细胞中被传送到收缩肌,产生收缩能量。这样一来就形成了一个循环中的循环:一个 ATP 分子脱去一个磷酸基团,剩下两个磷酸基团,变成二磷酸基分子 ADP。随着循环之轮继续转动,另一个磷酸基团加入,强有力的 ATP 得以恢复。这就好比人们使用的蓄电池,ATP 代表充满电的蓄电池,ADP 则代表放完电的蓄电池。

ATP 是一切生物体(从微生物到人类)的能量供应源,为肌肉细胞提供机械能,为神经细胞提供电能。无论是精液细胞,即将发生巨变发展成为小蝌蚪、小鸟、婴儿的受精卵抑或是分泌激素的细胞,所需的能量全部由 ATP 提供。ATP 的少部分能量用于线粒体内部,大部分则被立即输送到细胞中,以保证细胞的其他各种活动。线粒体在某些细胞内的位置能够确保将能量精确地输送到需的地方,因此充分体现了细胞的功能。在肌肉细胞中,线粒体围簇在收缩纤维四周;在神经细胞中,它们分布在与另一神经细胞的连接处;在精子细胞中,线粒体聚集在精子头尾连接点处。

在氧化作用中,ADP 与自由磷酸基团结合生成 ATP 的能量恢复过程,就是人们所说的偶联磷酸化作用。如果这一结合没有形成偶联(即出现了"解偶联"),就不能提供能量。细胞依然会呼吸,却不会产生能量。细胞因此变成一台空转的发动机:只产生热量而不释放能量。这样,肌肉就无法收缩,神经系统的脉冲也就无法传导。精子不能到达目的地,受精卵无法完成复杂的分裂和分化过程。解偶联会给所有生物体(从胚胎到成体)都带来灾难性后果,最终导致组织甚至生物体死亡。

解偶联是由什么原因造成的？辐射会导致解偶联,有人认为,接触过辐射的细胞因此而死亡。不幸的是,许多化学药品也具有将氧化与能量生产分开的能力,杀虫剂和除草剂便在此之列。我们知道,苯酚能够强烈影响新陈代谢,造成体温急剧升高,并最终致命,其原因就是解偶联的"空转发动机"效应。被广泛用作除草剂的二硝基酚和五氯苯酚就是苯酚类化合物。另一种具有解偶联作用的除草剂是2,4-D。氯代烃类农药中,DDT已被证实能够造成解偶联反应,随着研究的不断深入,人们很可能会发现其他氯代烃类化合物也具有同样效应。

然而,解偶联并不是熄灭人体数十亿细胞"小火焰"的唯一因素。前文提到过,氧化作用的每一步都由一种特定的酶引导和催化。其中任何一种酶(哪怕只有一种)遭到破坏或削弱,细胞内的氧化循环就会终止。不管哪种酶受到影响,结果都一样。氧化循环过程就像一只旋转的车轮。如果我们向轮辐里插入撬棍,随便插到哪两根轮辐中间,车轮都会停止转动。同理,不管在哪个环节起作用的酶遭到破坏,氧化作用都会终止。也就不会再有新能量产生,这与解偶联的最终结果十分相似。

大量常见杀虫剂都能像撬棍破坏车轮那样破坏氧化作用。研究发现,DDT、甲氧氯、马拉硫磷、硫代二苯胺以及各种二硝基化合物都能够抑制氧化循环过程中的一种或多种酶。这些杀虫剂因此很可能会阻碍能量生产的整个过程,导致细胞缺氧,并最终导致许多灾难性后果,本书在此仅稍作列举。

我们在下一章会谈到,只需要系统地抑制氧气供给,实验人员就能够将正常细胞转化为癌细胞。动物胚胎发育实验中可以看到细胞缺氧造成的其

他严重后果。因为缺氧,组织生长和器官发育的正常过程遭到破坏,造成了畸形和其他异常情况。据此可以推测,人类胚胎缺氧很可能导致先天性畸形。

尽管很少有人深入研究这些原因,但是不少迹象显示,人们已经意识到此类灾难日趋增多。比如,1961 年,美国国家人口统计局发起了一项全国新生儿畸形情况调查,其文字报告中的统计数据结果为先天性畸形与环境之间的关系提供了事实证据。毫无疑问,此项研究主要从评测辐射的危害入手。然而,不容忽视的是许多化学药品的危害一点也不亚于辐射。人口统计局断言,未来儿童罹患的身体缺陷和畸形几乎可以肯定是由于外部环境和人体内渗透的化学药品所致。

还有一些研究发现,生殖能力减弱很可能与生物氧化作用受干扰、重要"蓄电池"ATP 耗减有关。即使在受精前,卵子也需要大量 ATP 为下一阶段做好充分准备;精子进入后,卵子就需要更多的能量来完成受精。精子是否能够到达并穿透卵子,取决于其自身的 ATP 能量供应,这些 ATP 产生于精子细胞颈部高度密集的线粒体。一旦受精成功,细胞就开始分裂,而胚胎能否发育成形很大程度上取决于 ATP 供应的能量。胚胎学家研究青蛙卵和海胆卵这类容易获取的测试对象后发现,如果细胞内 ATP 含量低于某个关键临界值,卵子就会停止分裂并迅速死亡。

胚胎学实验室与苹果树上的知更鸟并非没有关联。苹果树上的知更鸟巢中躺着几枚冰冷的蓝绿色鸟蛋。鸟蛋中的生命"小火苗"在闪烁几天后已经完全熄灭。高大的佛罗里达松树顶部有一个由树枝、木棍搭成的巨大鸟窝,里面躺着三枚白色的大鸟蛋,冰冷而毫无生气。为什么这些小知更鸟和小白头海雕不能孵出？这些鸟蛋是否也像实验室的青蛙卵一样，因为缺乏足够的能量源 ATP 分子才停止发育？是否成鸟体内或鸟蛋中积存了一定量的杀虫剂，阻滞了生产能量的氧化循环之轮，从而造成 ATP 缺乏？

鸟蛋中是否存在农药残留并不需要费力去猜测，它们显然比哺乳动物的卵细胞更便于开展实验观察。无论是在实验室还是在野外，只要鸟蛋接触过 DDT 与其他烃类化合物，就一定能够发现大量残留。加州实验检测的野鸡蛋中 DDT 残留量高达 349 ppm。密歇根州 DDT 中毒死亡的知更鸟腹中阻留的蛋中药物残留达 200 ppm。中毒死亡的知更鸟产在鸟巢里未伏窝的蛋中也有 DDT 残留。因附近农场喷洒艾氏剂而中毒的母鸡将体内物质传到蛋中；喂食 DDT 的实验母鸡所产蛋中残留达 65 ppm。

既然知道了 DDT 和其他（也许所有）氯代烃类化合物能够通过抑制某一种酶的活性或解偶联能量生产机制，达到中断能量生产循环过程这一事实，我们很难设想含有大量农药残留的受精卵能够完成复杂的发育过程：无数次细胞分裂——逐渐形成组织和器官——重要物质合成（系统）——最终形成新的生命。整个过程需要消耗巨大的能量，这些能量完全由代谢循环产生的 ATP 线粒体小囊提供。

我们有理由相信，鸟类不是唯一的受害者。ATP 是所有生物的能量来源。鸟、细菌、人类和老鼠的代谢循环都以生产能量为共同目的。因此，杀虫剂在胚胎细胞中积存的事实都令我们不安，也意味着会对人类产生相当的影响。

有迹象表明，产生胚胎细胞的组织和胚胎细胞内部都有化学农药残留。人为控制实验环境中的野鸡、老鼠、豚鼠，榆树喷药地区的知更鸟，西部森林

云杉食心虫防治区的鹿……大量鸟类与哺乳动物的生殖器官中都发现了杀虫剂残留。知更鸟睾丸中的 DDT 含量高于体内任何其他部位。野鸡睾丸中农药积存也十分严重,浓度高达 1 500 ppm。

也许是因为生殖器官内存在化学药品残留,实验哺乳动物出现了睾丸萎缩的现象。接触过甲氧氯的幼鼠,睾丸特别小。小公鸡喂食 DDT 后,睾丸仅为正常大小的 18%,其依靠睾丸激素生长的鸡冠和垂肉也只有正常大小的 1/3。

缺少 ATP 也可能对精子自身造成危害。水牛精子实验显示,二硝基酚会干扰能量偶联机制,造成不可避免的能量损失,从而降低精子的活动能力。其他化学药品也会对受测水牛的精子造成同样的影响。有迹象表明,人类也可能受到同样的危害。医学报告显示,DDT 空中作业人员出现了少精液症或精子数量减少。

对整体人类而言,我们的遗传基因是比个体生命更宝贵的财富,它将我们与过去和未来联系在一起。经过漫长的演变进化,微乎其微的基因不仅造就了人类的现在,也掌控了人类吉凶未定的将来。然而,在我们这个时代,人工产品带来了遗传衰退的威胁,这是"人类文明最终也是最大的危险"。

化学药品无可避免地再一次被拿来与辐射相提并论。

活体细胞受到辐射后会出现一系列损伤:正常分裂能力被破坏,染色体结构因此发生改变,携带遗传物质的基因随之发生突变,导致后代出现新的特征。如果细胞特别敏感,可能会被立刻杀死,或在数年之后变成恶性细胞。

辐射造成的所有这些后果，都已经在实验室里通过大量类放射或模拟放射物质得以再现。多种杀虫剂、除草剂都能够破坏染色体，会干扰正常的细胞分裂或造成基因突变。遗传物质受到这些损害会导致接触农药的个体罹患疾病，或对其后代造成危害。

几十年前，没有人知道辐射或化学药品具有这些危害。当时原子还未被分离出来，可以模仿辐射作用的化学物质大多还没有被化学家从试管里孕育出来。到了1927年，德克萨斯大学的动物学教授H. J. 穆勒博士①研究发现，将生物暴露于X射线后能够造成其后代基因突变。穆勒教授的发现为科学界和医学界打开了一个全新的领域。穆勒为此荣获诺贝尔生理学或医学奖，不幸的是，没过几年日本人就遭受了灰色烟尘②之害。现在，辐射造成的潜在后果可谓尽人皆知。

尽管较少为人关注到，爱丁堡大学的夏洛特·奥尔巴赫和威廉·罗伯森在20世纪40年代初就开展过与穆勒博士类似的研究。他们发现，芥子毒气(也叫"芥子气")造成的永久性染色体变异与辐射造成的情况如出一辙。果蝇实验(穆勒早期也曾用果蝇开展X射线研究)显示，芥子毒气也会造成基因突变。人类因此发现了第一种化学诱变剂。

目前，除了芥子气外，人们还发现了其他许多能够改变动植物遗传物质的化学品。要想了解这些化学物质如何改变遗传过程，我们必须首先了解

① 赫尔曼·约瑟夫·穆勒(Hermann Joseph Muller, 1890—1967)是20世纪最有影响的遗传学家之一，一生发表372篇论文，其中最重要的论文是《基因的人工诱变》(1927)。1946年因辐射遗传学研究方面的重大贡献获得诺贝尔生理学或医学奖，他是继摩尔根(1933)之后获得诺贝尔奖的第二位遗传学家。

② 此处指的是包括原子弹在内的大量爆炸形成的灰色烟尘。

细胞的基本生命活动。

构成组织和器官的细胞必须具备数量增殖能力,才能够确保生命的生长和流传。该过程经由有丝分裂或核分裂完成。一个即将分裂的细胞,会发生一系列非常重要的变化,首先是细胞核内的变化,最终扩散到整个细胞。在细胞核内,染色体发生奇妙的移动和分裂,排列成亘古不变的模型,将遗传的决定性因素(基因)传递给子细胞。起初,染色体呈长长的线状,基因如同一颗颗珠子串联在这条线上。接着,染色体发生纵向分裂(基因随之分裂)。细胞一分为二后,各有一半染色体进入子细胞。这样一来,每个新细胞都将含有一整套承载全部遗传信息的染色体。通过这种方式,物种的完整性得以保存和延续。

生殖细胞在形成过程中会发生一种特殊的分裂方式①。由于每一种生物细胞内染色体的数量都是固定的,卵子和精子结合形成新个体时只能各自携带一半数目的染色体。在生殖细胞形成的分裂过程中,染色体能够精确地完成这一行为。在这个过程中,染色体并不发生裂变,而是从每对染色体中分离出完整的一半,进入每一个子细胞。

所有生命在这个最初阶段都完全一样。地球上所有的生命都要经历细胞分裂,无论是人类还是阿米巴虫,无论是高大的红杉还是微小的酵母菌,没有细胞分裂生命就无法延续存在。因此,对有丝分裂的任何干扰都会严重威胁生物自身及其后代。

---

① 即"减数分裂",有性生殖的个体在形成生殖细胞过程中发生的一种特殊分裂方式,不同于有丝分裂和无丝分裂,减数分裂仅发生在生命周期某一阶段,它是进行有性生殖的生物性母细胞成熟、形成配子的过程中出现的一种特殊分裂方式。

乔治·盖洛德·辛普森①与同事皮特迪里、蒂凡尼在其内容广博的著作《生命：生物学导论》(1957) 中说:"细胞组织的主要特征,诸如有丝分裂,存在时间远远超过 5 亿年,几乎接近 10 亿年。从这个意义上来看,地球上的生命尽管十分纤弱、复杂,却具有不可思议的持久性——其持久远远超过山脉的历史。这种持久性完全依赖于遗传信息一代又一代无比精确的传递。"

然而,在三位作者设想的 10 亿年间,这种"无比精确的传递"从未遭到过 20 世纪中期那样强烈而又直接的破坏。这些破坏来自由人类制造的辐射,以及由人类制造并广泛散播的化学药品。杰出的澳大利亚内科医生、诺贝尔生理学或医学奖获得者麦克法兰·伯内特爵士②认为,我们这个时代"最明显的医学特征之一,就是随着医疗手段的进步和化学物质的发明,保护体内器官免受诱变因素侵扰的天然屏障越来越频繁地遭到破坏"。

人类染色体的研究尚处于初期阶段,对于环境因素对染色体所造成的影响,研究也才刚刚起步。直到 1956 年,新技术的出现使得人们能够精确测定人体细胞内染色体的数量(46 条),发现是否存在完整的染色体或染色

---

① 乔治·盖洛德·辛普森(George Gaylord Simpson,1902—1984),美国古生物学家,现代综合理论的奠基者之一。在演化领域的主要著作包括《演化的速度和调式》(*Tempo and Mode in Evolution*) 与《分类规则与哺乳类分类》(*Principles of Classification and a Classification of Mammals*) 等。

② 麦克法兰·伯内特爵士(Sir Macfarlane Burnet,1899—1985),澳大利亚微生物学家、病毒学家,主要研究免疫学,1949 年提出了获得性免疫耐受性理论,对外科移植手术极具重要性。这一理论后来被英国生物学家彼得·布莱恩·梅达沃(Peter Brian Medawar)和他的同事们所证实。伯内特和梅达沃共同获得 1960 年的诺贝尔生理学或医学奖。

质碎片。在那个年代,环境中的物质会造成基因损坏还是一个相对较新的概念,除了遗传学家外鲜有人知,而几乎也没有人会听取遗传学家的建议。现在,相当多的人已经了解到各类辐射造成的危害,尽管在某些领域这种危害还是会出乎意料地遭到否认。穆勒博士时常愤懑地说:"太多的人不接受遗传原理,其中不仅有政府部门的政策制定者,甚至还包括非常多的医学界人士!"公众和大部分医学、科学工作者几乎都不知道化学物质会造成与辐射相似的后果。正因为如此,人们并未对化学物质的普遍用途(而非实验功能)进行过评测。而此事关涉重大。

麦克法兰爵士并非是唯一一个对化学物质潜在危害进行评测的人。英国著名专家彼得·亚历山大博士认为,类辐射化学物质的危害很可能大大超过辐射。专注遗传学研究数十年、成就卓著的穆勒博士警告说,各类化学物质(包括以杀虫剂为代表的农药)"能够像辐射一样提高基因突变的概率……在现代社会频繁接触异常化学药品的环境下,基因受突变影响的程度却鲜为人知"。

人们普遍忽视化学诱变物,很可能是因为早期的发现仅限于科学研究领域。毕竟,氮芥没有被从空中洒向所有人,而仅掌握在实验室的生物学家或治疗癌症的内科医生手中。(最近,人们报道了一起病例,病人接受氮芥治疗后出现染色体损伤。)然而,杀虫剂和除草剂却与人们有着广泛而密切的关联。

尽管人们对此问题关注不多,我们仍然可以从不少杀虫剂案例中收集到确切的信息,证明它们破坏了细胞的重要机能,从轻微染色体损伤到基因突变,最终导致细胞癌变的严重后果。

蚊子连续几代接触 DDT 后,会繁衍出一种奇怪的雌雄嵌性生物——同时呈现雌性与雄性的生理特征。

植物接受各类苯酚处理后,会出现染色体严重损坏、基因变化、惊人的基因突变和"不可逆的遗传性变化"。基因学的经典研究对象果蝇在接触苯酚后发生了突变,一旦接触到普通杀虫剂或聚氨酯就会死亡。尿烷属于氨基甲酸乙酯类化学物质,越来越多的杀虫剂和其他农药都是由其制作而成。事实上,有两种氨基甲酸乙酯类化合物之所以被用来防止储藏的马铃薯发芽,正是利用了它们可以阻止细胞分裂的特性。另一种能够阻碍发芽的物质——马来酰肼,已被认定为强诱变剂。

经六氯化苯或林丹处理过的植物会出现严重畸变,根部长出肿瘤一样的块状突起。细胞内染色体数量翻倍,使植物发生肿大变形。染色体倍增会一直持续到细胞不再分裂为止。

接受过 2,4-D 除草剂处理的植物也会长出瘤状肿块。植物染色体会变短、变粗,簇集在一起,严重阻滞细胞分裂。据说其危害非常接近 X 射线所造成的影响。

以上仅是一部分例证,还有很多事实可以援引。由于目前尚未有旨在测定杀虫剂诱变效果的全面研究,前文引证的所有事实都来自细胞生理学或遗传学相关研究的附带成果。目前最迫切的事便是对该问题开展直接研究。

一些科学家虽然承认环境辐射对人类有危害,却质疑化学诱变物是否能够造成同样的影响。他们承认辐射确实具有强大的穿透力,却怀疑化学物质具有抵达生殖细胞的能力。由于缺乏针对人类的直接研究,我们的论

证再一次受阻。然而,鸟类和哺乳动物的生殖腺与生殖细胞中发现的大量DDT 残留是一个强有力的证据,至少能够证明氯代烃类化合物残留不仅广泛分布在动物体内,而且也与遗传物质发生接触。宾夕法尼亚州立大学戴维·E. 戴维斯教授最近发现,一种可以阻止细胞分裂,专事人类癌症治疗的强效化学药物,也能够造成鸟类不孕不育。亚致死剂量的化学药物就能够阻止生殖腺内的细胞分裂。戴维斯教授的数次野外实验已取得成功。显然,我们不再有理由妄想任何生物的生殖腺能够免受环境中化学药物的危害。

最近几项关于染色体异常的医学发现具有非常重大的意义。1959 年,英国和法国的几个研究团队发现,他们各自开展的独立研究最终指向了同一个结论:染色体数量异常能够引发人类的某些疾病。在这些团队研究过的某些疾病和异常中,染色体数量均异于正常值。举个例子来说,我们都知道,所有先天愚型患者都比正常人多出一条染色体。有时,多出的这条染色体会附着在另一条染色体上,染色体数量还是 46 条。然而,多出的那条染色体通常独立存在,染色体总数因此变成 47 条。此类患者的发病源应当追溯到其上一代的身体中。

英美两国不少罹患慢性白血病的患者似乎体现出另一种不同机制。患者的血细胞中发现了共同的染色体异常情况:部分染色体缺失。这些患者皮肤细胞中染色体正常,说明染色体异常并未发生在最初的生殖细胞中,而是出现在成长阶段的某些特定细胞中(该案例中是前体血细胞)。部分染色体缺失可能使这些细胞无法发出正常的"行为指令"。

自从这一研究疆域被打开后,人们解开了大量与染色体破坏有关的身体缺陷谜团,早已超出了单纯医学研究的范畴。比如,人们已知的克氏综合征①与性染色体复制有关。患者为男性,因为携带了两条 X 染色体(正常男子的性染色体为 XY,患者的性染色体却为 XXY)而导致染色体异常。患者除不育外,还伴随有身高过高和精神缺陷等症状。与此种情况相反,只接受一条性染色体(变成 XO 核型,而非正常的 XX 或 XY 核型)的患者,虽然是事实上的女性,却缺少女性的诸多第二性征,也伴随有多种生理缺陷(有时也会有心理缺陷)。其原因自然是由于 X 染色体携带着多种特征的基因。这种症状被称作特纳氏综合征②。在具体病因被解谜前,医学文献中早就有过对这两种病症的描述。

很多国家的研究者在染色体异常这一领域已开展了大量工作。威斯康星大学的克劳斯·帕图博士带领的团队,始终专注于研究包括智力发育缓滞在内的各种先天性畸形病症。这些病症似乎是由于染色体部分复制造成的,可能在某个生殖细胞的形成过程中出现了染色体破裂,裂片部分未能恰当地重新排列。这种异常往往会影响胚胎的正常发育。

现有的科学知识显示,额外多出一条完整的染色体往往具有致命的危害,会遏制胚胎成活。目前所知,仅有三种病症可以侥幸存活,其中之一就是先天愚型患者。另一方面,额外多出的染色体碎片附着,虽然会导致严重后果,却不一定会致命。威斯康星大学研究团队认为,这种情况可以解释大

---

① 克氏综合征,全称"克莱恩费尔特氏综合征",因染色体异常引起的先天性睾丸发育不全。正常男子染色体核型为 46,XY,如果男子染色体核型中 X 增多,就会引起这种病,最常见的是 47,XXY。

② 特纳氏综合征,又叫"先天性卵巢发育不良综合征",由于全部或者部分体细胞中的一条 X 染色体完全或部分缺失所致。

部分迄今原因不明的儿童先天多发性畸形(通常包括智力迟钝)。

这是一个全新的研究领域,科学家迄今更多关注的仍是染色体异常与疾病和发育缺陷之间的关联,尚未探究导致异常的深层原因。如果我们认为只是某种单一物质造成了染色体破裂或细胞分裂的行为异常,这种看法未免太过荒谬。我们向环境中投放了大量能够直接破坏染色体,导致出现上述种种病症的化学药品,这样的事实我们能够忽视吗? 仅仅为了防止马铃薯发芽或为了灭杀露台上的蚊子,人类付出的代价未免太大了!

我们的遗传基因是历经 20 亿年原生质的进化与选择才形成的,这笔财富不仅仅属于我们,也属于我们的子孙后代。只要我们愿意,就一定能够减少对遗传基因造成的威胁。我们很少为保护遗传基因的完整性付出努力。虽然法律规定化学药品制造商必须检测产品的毒性,却并没有要求他们检测产品对遗传基因造成的确切破坏,他们自然也不会自找麻烦去做这件事情。

第十四章

四中有一的概率

生物与癌症之间的较量由来已久,确切起源已湮没在时间长河里。但最初一定是起始于自然环境。无论是好是坏,地球上的各种生物都会受到来自太阳、风暴和古老地球的影响。环境中的一些因素导致了灾难,生物要么适应,要么被淘汰。阳光中的紫外线辐射能够导致病变。来自某些岩石的辐射,或土壤/岩石中冲刷出的砷污染食物或水源,同样也会引发病变。

早在生命出现之前,环境中就存在着这些有害物质。即便如此,生命还是照样出现在地球上,经过千百万年的发展,数量众多、种类丰富。在自然界亿万年的缓慢进程中,弱者消亡,强者生存,生物调节适应着各种毁灭性力量。自然致癌物质现在依然是导致病变的因素,但这些物质数量很少,而且从远古时期起,生命就已经适应了这些毁灭性力量。

随着人类的出现,情况发生了改变:在所有生物中,只有人类能够**制造出**致癌物质(即医学所称的"致癌物")。早在几百年前,人类就造出了人造致癌物。含芳香烃的烟尘便是一例。随着工业时代的来临,整个世界持续经历着不断加速的变化。各种新的化学、物理材料构成的人工环境迅速取代了自然环境,其中很多物质具有诱发生物变化的强大威力。人类还没有

办法保护自己免受这些人造致癌物的伤害，虽然人类生物机能在慢慢演进，但其对新环境的适应极其缓慢。这些威力强大的物质因而能够轻易地击破人体的脆弱防线。

癌症的历史很长，然而我们对致癌物质的认识起步却很晚。差不多两个世纪前，一位伦敦内科医生第一次发现外部或环境性因素能够导致人体发生病变。1775 年，珀西瓦尔·波特爵士宣布，烟囱清扫工群体中高发的阴囊癌一定是由他们体内蓄积的烟尘所致。当时，他还无法提供我们现在需要的"证据"，但现代研究手段已经从烟尘中分离出致命化学物质，证实了波特爵士的论断。

距波特爵士做出医学论断的一个多世纪后，人类依然没有意识到反复吸入、吞食或通过皮肤接触环境中的某些化学物质能够导致癌症。诚然，已经有人注意到，在康沃尔与威尔士的铜冶炼厂、锡铸造厂中接触砷烟雾的工人罹患皮肤癌的情况十分普遍。也有人注意到，德国萨克森州的钴矿工人和波西米亚约阿希姆斯塔尔的铀矿工人会患染一种肺部疾病，后来被确认为癌症。如上案例都发生在前工业革命时代。如今，工业遍地开花，工业产品几乎侵入了所有生物的生存环境。

直到 19 世纪的最后 25 年，人们第一次意识到恶性病变与工业时代的关联①。那时候，巴斯德②正在证明微生物是众多传染性疾病的起因。为了

---

① 此处指珀西瓦尔·波特爵士在 1775 年发布了医学论断。

② 路易·巴斯德(Louis Pasteur)，19 世纪法国著名微生物学家、爱国化学家，开创了微生物生理学，在战胜狂犬病、鸡霍乱、炭疽病、蚕病等方面都取得杰出成就。著名言论：科学虽没有国界，但是学者却有自己的祖国。

探索癌症的化学起因,还有另外一些科学家正在研究萨克森州新兴的褐煤工业与苏格兰的页岩工业工人罹患的皮肤癌,以及因职业缘故接触焦油和沥青导致的其他癌症。据知,19 世纪末期已有六种工业致癌物;20 世纪创造和正在创造的大量新致癌化学物质都与普通民众密切关联。自波特爵士的发现至今不到两个世纪,环境状况已经发生了广泛变化。不只是特定职业人群会接触到危险的化学物质,它们已经进入每个人的日常生活,甚至包括尚未出生的婴儿。我们如今发现恶性疾病增速惊人,也就没什么好大惊小怪的了。

恶性疾病增长并非出于我们主观臆测。美国人口统计局 1959 年 7 月的月度报告发现:1958 年,包括造血与淋巴组织肿瘤在内的恶性肿瘤造成死亡人数占当年死亡人口总数的 15%,而 1900 年,该比率仅为 4%。美国人口统计局按照目前的癌症发病率推算,现有人口中将有 4 500 万人最终会患上癌症。这就意味着 2/3 的美国家庭将遭受癌症的侵袭。

儿童的情况更令人担忧。25 年前,儿童罹患癌症的概率非常低。**如今,美国学龄儿童死于癌症的数量超过其他任何疾病**。形势极为严峻,波士顿率先建成专门收治儿童肿瘤患者的医院。1 至 14 岁的儿童死亡中 12% 由癌症所致。临床发现大量未满 5 岁的儿童罹患恶性肿瘤,更残酷的是其中有不少新生或未出生的婴儿。环境致癌研究领域顶尖权威、美国国家癌症研究所 W. C. 休珀博士指出,先天性癌症和婴儿癌症很可能跟母体妊娠期接触过致癌物质有关,这些物质侵入胎盘后破坏快速发育的胚胎组织。动物实验显示,接触致癌物质的动物年龄越小,潜在患癌的概率越大。佛罗里达大学弗朗西斯·雷博士告诫人们:"[食品中的]化学添加剂可能会为

儿童埋下癌症的祸根……我们目前无从知道，它们在四五十年后会造成什么样的后果。"

　　我们眼下关心的问题是，人们用来控制自然的化学物质是否直接或间接导致了癌症。动物实验证据显示，已有五六种杀虫剂可以被确定为致癌物。如果算上许多医生认定会引发白血病的物质，这个致癌物清单还会更长。由于尚未对人体做过实验，这些证据只能算是间接证据，即便如此也已经相当惊人。要是算上那些破坏生物组织或细胞，可能会间接致癌的物质，其他几种杀虫剂也应该列入清单。

　　人们最早发现与癌症相关的致癌物是亚砷酸钠除草剂、砷酸钙以及其他各种化合物中的砷。砷与人类、动物的癌症的关联由来已久。关于砷接触造成的危害，休珀博士的经典学术专著《职业性肿瘤》介绍过一个典型案例。西里西亚雷切斯坦市的金矿、银矿开采已有近千年的历史，最近几百年来，人们又开始采挖砷矿。几百年来，砷废渣一直堆积在矿井附近，被溪水冲卷着流到山下。地下水遭溪水污染，砷因此进入饮用水源。数百年来，矿区居民饱受"雷切斯坦病"的折磨。该病系慢性砷中毒所致，主要表现为肝、皮肤、胃肠和神经系统功能紊乱，常常会并发恶性肿瘤。大约 25 年前，这里更新了水源供应，清除掉其中绝大部分砷，"雷切斯坦病"已基本成为历史。然而，在阿根廷科尔多瓦省，由于源自岩层的饮用水污染中含有砷，并发皮肤癌的慢性砷中毒情况仍然十分严重。

　　长期、持续地使用含砷杀虫剂，很容易造成类似雷切斯坦和科尔多瓦的情况。美国烟叶种植园、西北地区果园和东部蓝莓种植园等地土壤中的砷污染都很严重,也同样可能造成水源污染。

砷污染的环境不仅对人类造成危害,也会给动物造成影响。1936 年,德国发布的一份报告引起极大关注。在萨克森州弗莱堡附近,银铅熔炉中喷出的含砷烟尘飘向周围的村庄,落到植被上。休珀博士在书中描述说,以这些植被为主要饲料的马、牛、羊、猪都出现了毛发脱落、皮质增厚的症状。而生活在附近森林中的鹿群不时会出现异常色斑和癌前疣。其中一头鹿已经确认发生了癌性病变。家养和野生动物都出现了"砷引发的肠炎、胃溃疡和肝硬化"症状。冶炼厂附近放养的羊群爆发鼻窦癌;这些羊死后,大脑、肝和肿瘤中都发现了砷残留。该地区还出现了"大量昆虫死亡,尤其是蜜蜂。降雨冲刷着树叶上的砷粉尘,将其带入溪流和池塘水中,造成大量鱼类死亡"。

另一例致癌物是一种新型有机杀虫剂,被广泛用来灭杀螨虫和蜱虫。该除螨剂的使用情况充分说明,尽管存在保护民众权益的相关法律,可是当我们等到迟滞的立法程序控制住局面时,公众接触致癌物质往往已长达数年。此事值得关注也从另一个角度说明,公众今天被告知"安全"的东西,明天很可能就被发现极其危险。

1955 年,该杀虫剂投产使用时,生产商申请了"容留许可",允许喷药农作物存在微量残留。生产商遵照法律规定,在实验室动物身上进行了药物毒性测试,并将检测结果和"容留许可"申请表一并提交。然而,美国食品药品监督管理局认为,试验结果表明该杀虫剂存在致癌可能。行政管理专员因此建议对该药物施行"零容留许可",也就是说跨州贸易食品中不允许

存在该农药残留。但生产商有权利申诉,诉讼被提交给专门委员会复核。委员会却给出一个折中方案:允许 1 ppm 的农药残留,暂定时效为两年;期间将继续开展实验检测,以确定是否将其列入致癌物清单。

尽管委员会并未明说,该决定实际上意味着将公众当作试验对象,与动物实验中的狗和老鼠一起测试可疑致癌物。动物实验出结果显然更快,仅用两年时间就证明了该除螨剂确实致癌。然而当时(1957),美国食品药品监督管理局却未能立即撤销允许该已知致癌物污染大众食品的"容留许可"。各种司法程序耗费了整整一年时间。最终,直到 1958 年 12 月,行政管理专员在 1955 年提出的"零容留许可"才得以推行。

杀虫剂中能够致癌的物质远不止上述这些。动物实验表明,DDT 可能会引发肝脏肿瘤。报告这一发现的美国食品药品监督管理局科研人员虽然还不清楚该肿瘤的类属,却认为"有必要将它们定为低分化肝细胞癌"。现在,休珀博士已明确将 DDT 列入"致癌化学物质"。

实验发现,两种氨基甲酸酯类除草剂 IPC 和 CIPC 可以在老鼠身上诱发皮肤肿瘤,其中有些肿瘤是恶性的。这一结果似乎是由这两种除草剂首先引发实验老鼠病变,再由环境中的其他各种化学物质继而施加作用。

除草剂氨基三唑能够诱发实验动物罹患甲状腺癌。1959 年,蔓越莓果农误洒氨基三唑除草剂,造成上市售卖的蔓越莓携带有农药残留。食品药品监督管理局没收了这批遭污染的蔓越莓,尔后引发广泛争议,人们质疑该药物是否会引起癌症,其中甚至不乏医学界人士。食品药品监督管理局发布的事实明确显示,氨基三唑对实验老鼠有致癌作用。实验室老鼠喂饮氨基三唑浓度为 100 ppm 的水后第 68 周出现甲状腺肿瘤。两年后,半数以上

的受测实验老鼠肿瘤仍未消退。诊断发现，老鼠患的各类肿瘤中既有良性的也有恶性的。降低剂量依然会导致肿瘤，实际上，**任何剂量的氨基三唑都会导致实验老鼠患上肿瘤**。当然，目前尚无人知道能够导致人类患癌的氨基三唑剂量，但哈佛大学医学教授大卫·鲁茨坦博士指出，任何剂量的氨基三唑都会对人体造成伤害。

要全面揭示新型氯代烃杀虫剂和现代除草剂所造成的恶果，仍需要一定时日。大多数恶性病变发展非常缓慢，往往经历很长一段时间后，患者才会出现临床症状。20 世纪 20 年代初，在手表表盘上绘制发光数字的女工，因嘴唇接触到刷子而摄入微量的镭。15 年甚至更久之后，其中一些女工患上骨癌。我们已经证实，因接触化学致癌物所导致的职业性癌症，发病期多为 15 至 30 年，有些情况的潜伏期甚至更长。

与各类致癌物的职业接触不同，军用 DDT 始于 1942 年前后，民用则始于 1945 年前后，各种化学杀虫剂广泛投用则是 20 世纪 50 年代初期的事情。使用这些化学物质所造成的恶果目前还没有完全表现出来。

大多数恶性病变的潜伏期都很长，然而白血病却是个例外。广岛原子弹爆炸的幸存者在三年后陆续发现白血病，我们因此认为白血病的潜伏期可能会短得多。将来有可能发现其他癌症潜伏期也比较短，但目前看来，恶性病变普遍发展非常缓慢，而白血病似乎是唯一的例外。

自现代杀虫剂投产使用以来，白血病发病率持续上升。美国人口统计局的数据明确显示，造血组织恶性疾病的患者人数正在急剧上升。1960 年，仅白血病造成的死亡人数就有 12 290 人。死于各类血液和淋巴恶性肿瘤的总人数从 1950 年的 16 690 人激增到 1960 年的 25 400 人；按照每 10 万

人口的死亡率来算,这一数值从 1950 年的 11.1 人上升到 1960 年的 14.1 人。这种激增趋势不只出现在美国。其他所有国家登记的各年龄段白血病死亡人数以每年 4%—5% 的速度增长。这意味着什么? 人们日益频繁接触的是环境中哪些新的致死物质?

梅奥医疗中心等世界著名医疗机构收治了数百例造血器官疾病患者。梅奥医疗中心血液科的马尔科姆·哈格雷夫斯博士与他的同事报告说,这些病人无一例外都接触过各种含 DDT、氯丹、苯、林丹以及石油馏出物的有害喷雾剂。

使用各类有毒物质导致的环境性疾病数量不断攀升,哈格雷夫斯博士说:"最近十年,情况格外严重。"基于丰富的临床经验,他断言:"大部分血质不调或淋巴疾病患者都曾长期接触过各类碳氢化合物,当今人们使用的大多数杀虫剂都属于此类物质。详细的病史记录总能呈现出两者之间的关联。"现在,哈格雷夫斯博士手上掌握了大量经他诊治过的患者的详细病历,这些病症包括白血病、再生障碍性贫血、霍奇金病以及其他血液和造血组织紊乱疾病。他说:"病人都曾大量接触过这些环境物质。"

这些病历说明了什么? 其中一份病历记录了一位厌恶蜘蛛的家庭妇女。8 月中旬,她拿着含 DDT 与石油馏出物的喷雾剂走进地下室。她把地下室仔仔细细喷了一遍,楼梯底面、水果柜内部,以及天花板和椽子周围的隐蔽区域。喷完药,她开始感到非常不舒服、恶心、极度焦虑、焦躁。几天后,她的身体恢复了一些。然而,她显然没有怀疑过自己身体不适的原因。9 月份,她又开始向地下室喷药,经历了两轮喷药——生病——短暂恢复——再次喷药的循环。第三次喷药后,这位妇女出现了新的症状:发烧、关节疼痛、全身不适,一条腿得了急性静脉炎。哈格雷夫斯博士检查发现,这位妇女患上了急性白血病。第二个月,她就死了。

哈格雷夫斯博士的另一位病人是位职业人士,在一栋蟑螂肆虐的老房子里办公。此人不堪蟑螂袭扰,决定亲自动手消灭蟑螂。一个星期天,他花了几乎一整天时间对地下室和各隐蔽区域喷药,使用的喷剂是 DDT 浓度为 25%的甲基萘悬浊液。没过多久,他身上开始出现瘀伤和出血,到医院就诊时,身上已有多处出血点。血液分析显示,他患上严重的骨髓衰竭性疾病,也称再生障碍性贫血。接下来的五个半月里,他接受了 59 次输血和各种其他治疗,身体得以部分恢复。然而,大约九年后他又患上了致命的白血病。

跟杀虫剂有关的病历中涉及比率最高的是 DDT、林丹、六氯联苯、硝基酚、普通防蛀剂对二氯苯和氯丹,当然,还有含这些药物的溶剂。正如哈格雷夫斯博士所强调的那样,纯粹只接触一种化学药品的情况并不多见,仅有极少数个例。市面售卖的杀虫剂通常含有多种药物成分,溶解在石油馏出物和分散剂中。含有芳香烃和不饱和烃的溶剂本身就可能对造血器官造成严重损害。然而,若非医学分析需要,区分药物和溶剂并没有太大的实际意义,因这大多数农药喷施都离不开这些石油溶剂。

美国与其他国家的医学研究文献中都记载了大量病例,能够证实哈格雷夫斯博士关于化学农药与白血病以及其他血液疾病之间因果关系的论断。患者包括各类人群:被自家喷药设备式飞机喷洒到药物的农民,喷雾灭蚊后仍然留在房内学习的大学生,家里安装了可移动式林丹汽化器的妇女,在喷洒过氯丹和毒杀芬的棉田里干活的工人……专业严谨的医学术语背后隐藏了诸如此类的悲惨故事。捷克斯洛伐克有一对年轻表兄弟。两个男孩住在同一座小镇上，一同工作、一同玩耍。他们生前最后一份工作是在一家农场合作社搬卸袋装的杀虫剂（六氯联苯）。八个月后，其中一个男孩患了急性白血病，九天后死了。这时，他的表兄弟开始出现易倦、发烧症状。大约不到三个月，症状开始加剧，也被送进医院，也被诊断为急性白血病，最后也被疾病夺去了生命。

还有一位瑞典农民，他的情况奇怪地令人联想到金枪鱼捕捞船"福龙丸五号"上的日本船员久保爱吉①。与久保爱吉一样，这位农民一向身体强健；久保爱吉靠出海捕捞为生，而他则靠种地为生。两个人同样都被天上飘来的有毒物质夺去了生命。不同的是，一人遭遇的是放射性微尘，另一个人遭遇的是化学粉尘。这位农民用掺有 DDT 和六氯联苯的粉剂喷洒约 60 英亩的土地。他在田里洒药时，一阵阵风吹得药粉在他周围盘旋。来自瑞典隆德医疗中心的报告显示："当天晚上，他感觉异常疲倦。随后几天，他始终感觉浑身乏力、背痛、腿痛、浑身发冷，被迫卧床休息……然而，他的情况越来越糟糕，5 月 19 日［喷药一个星期后］，申请住进了当地医院。"患者体温非常高，血细胞计数异常，被转送到隆德医疗中心救治。两个半月后，患者死亡。尸检报告显示，患者骨髓完全坏死。

细胞分裂这一正常而必要的过程，是如何被改变，造成变异并且产生破

---

① 此处指的是著名的"久保山事件"，又称"福龙丸事件"。1954 年 3 月 1 日，美国在太平洋上的比基尼岛公海上划定所谓的"危险区"进行氢弹试验。当天，日本渔船"福龙丸五号"载船员二十三人在远离比基尼岛"危险区"外的公海上捕鱼，遇到了美国氢弹试验放射性微尘，引起急性放射能症。9 月 23 日船员久保爱吉不治身亡。

坏性的？这个问题吸引了无数科学家的关注和大量资金投入。细胞内部发生了什么变化，致使井然有序的细胞分裂变成凶猛且无法控制的癌细胞扩散？

几乎可以肯定的是，该问题的答案多种多样。由于病源不同，发展进程不同，影响生长或退化的因素不同，癌症呈现出各不相同的形态，而背后的致病原因也各不相同。然而，表象的千差万别背后，主要原因可能就是几种基本的细胞损伤。世界各地广泛开展对该问题的研究，有些甚至并非在癌症研究框架下开展，透过这些零散的研究，我们能够看到未来攻克这一难题的曙光。

我们再一次发现，只有研究细胞和染色体等最小的生命单位，才能够获得解决谜题的宽阔视野。我们必须要进入这个微观世界，去寻找那些改变细胞神奇运转机制的因素。

德国马克斯·普朗克细胞生理研究所生物化学家奥托·沃伯格教授①提出的癌细胞起源理论格外引人关注。沃伯格毕生致力于研究细胞内部复杂的氧化过程。他凭借广博的知识，清楚、生动地解释了正常细胞的恶变过程。

沃伯格认为，辐射和化学致癌物会破坏正常细胞的呼吸，导致细胞失去能量。反复接触少量辐射或化学物质就会造成这样的后果。后果一旦造

① 奥托·海因里希·沃伯格（Otto Heinrich Warburg，1883—1970），德国生理学家。1931年因发现细胞呼吸氧化转移酶荣获诺贝尔生理学或医学奖。1966年6月30日，沃伯格博士作了题为《癌症的主要原因与预防》的演说，其中介绍了正常细胞转化为癌细胞的实验。他曾史无前例地在三个不同的领域三次被提名诺贝尔奖，著名的沃伯格效应就是以他的名字命名的。

成,就无法修复。没有被呼吸中毒杀死的细胞会竭力补偿失去的能量。这些细胞无法继续通过高效而神奇的循环生产大量 ATP,只能转向原始、低效的发酵方法。凭借发酵的作用维持生存会持续很长一段时间,通过细胞分裂逐环传递,后来的细胞分裂会将这种异常的呼吸方式传递下去。一旦细胞失去正常呼吸能力,就永远无法恢复,一年、十年甚至数十年也难以恢复。幸存的细胞通过逐渐加强发酵进行补偿,一点点艰难地恢复失去的能量。这是一种达尔文式的竞争,只有最强或最适应的细胞才能生存下来。最后,细胞终于通过发酵产生跟呼吸同等的能量。可以说,这个时候正常细胞已经彻底变成癌细胞。

沃伯格的理论解释了诸多令人费解的现象。大多数癌症潜伏期都很长,因为呼吸作用首次受损后,需要进行无数次细胞分裂,逐渐增强发酵作用。因为发酵速度不同,不同物种通过发酵作用成为主导所需要的时间长度也会不同:老鼠需要的时间短,因而癌症发病快,人类需要的时间长(甚至要几十年),病变的发展过程因此极其缓慢。

沃伯格的理论也解释了为什么在有些情况下,反复小剂量接触致癌物质比一次性大剂量接触更危险。一次性大剂量接触致癌物质,能够直接将细胞杀死,而小剂量致癌物质可以让部分细胞存活下来,但其功能遭到破坏,从而发展成癌细胞。这就是为什么致癌物质不存在"安全"剂量的原因。

沃伯格的理论还能解释一种令人费解的事实:同一种化学物质为什么既能防癌也能致癌。众所周知,辐射就是如此,辐射既可以杀死癌细胞,又能够诱发癌症。目前用于治疗癌症的很多药物也是这样。原因何在? 原因就在于辐射和治疗癌症的药物都能够损坏呼吸。癌细胞的呼吸作用已经受损,继续受到破坏,就会导致癌细胞死亡。而第一次遭受呼吸损伤的正常细胞,没有被杀死,最终反而会走上癌变的道路。

1953 年,其他一些研究人员通过长时期、间断性抑制细胞供氧,将正常细胞转变成癌细胞,因而验证了沃伯格的理论。1961 年,沃伯格的理论再次得到验证。这一次,实验对象是活体动物,而非人工培育的组织。研究人员将放射性示踪剂注射到患癌老鼠体内,仔细测量老鼠的呼吸,结果发现细胞发酵速度明显高于正常值,这一结果跟沃伯格的预测一致。

根据沃伯格设定的评测标准,大多数杀虫剂都达到了致癌标准。正如我们在第十三章提到过的,很多氯代烃、苯酚和一些除草剂都会干扰细胞内的氧化作用和能量生产,从而生成休眠癌细胞。不可逆转的恶性病变蛰伏很长时间都不会被发现,直到很久之后,当人们早已遗忘甚至不会怀疑病因的时候,休眠细胞会突然活跃起来变成癌细胞。

另一种导致癌症的途径可能是染色体。该领域的许多著名研究人员对凡是会损伤染色体、干扰细胞分裂或导致突变的物质都抱持怀疑态度。在他们看来,任何突变都可能导致癌症。尽管关于突变的讨论通常是指那些可能对后代造成影响的生殖细胞突变,事实上,突变也可能发生在人体其他细胞中。根据解释癌症起源的突变理论,受辐射或化学物质影响,细胞会发生突变,摆脱身体惯常施加给细胞分裂的控制,进行恣意、无规律的分裂增殖。分裂生成的新细胞也同样会摆脱控制,假以时日,就聚积形成癌症。

其他研究人员指出,癌症组织中的染色体不稳定,容易破裂或受到损伤,出现数量异常,甚至可能会出现两套染色体。

纽约市斯隆-凯特琳研究所①的艾伯特·莱文和约翰·J.波塞尔最早发现染色体异常与恶性病变之间的关联。对于恶性病变与染色体变异两者之间孰先孰后的问题,两位研究者毫不犹豫地说:"染色体变异早于恶性病变。"他们推测了如下可能的过程:染色体遭到破坏,出现不稳定情况,在其后很长一段时间里,一代代新生细胞进行试验和试误(也就是恶性病变的漫长潜伏期),产生诸多变异情况,使得细胞能够脱离身体机能控制,开始无规律地增殖,最终恶变为癌症。

染色体变异理论的早期支持者欧基维德·温格认为,染色体倍增现象尤其值得关注。经过反复观察,人们发现六氯联苯及其同类化合物林丹能够造成实验植物染色体倍增。而这些化学物又都出现在很多记录确凿的致命贫血症病历中,这些难道仅仅是巧合? 其他那些干扰细胞分裂、破坏染色体、造成突变的杀虫剂情况又如何?

我们不难理解,为什么与辐射或类辐射化学物质接触的人最容易罹患白血病。物理或化学诱变剂的主要攻击对象是异常活跃的细胞分裂,包括各种组织内的细胞,尤其是造血细胞。人体骨髓是红细胞的主要制造者,每秒向血液中输送 1 000 万个红细胞。白细胞则形成于淋巴结和部分骨髓细胞中,速度虽不恒定,数量却也异常惊人。

有些化学物质(又让我们想起锶-90 这类放射性物质)与骨髓病变的关联极为密切。杀虫剂溶液的常见成分苯会进入骨髓,存留时间长达 20 个

---

① 斯隆-凯特琳研究所是世界上历史最悠久、规模最大的私立癌症中心斯隆-凯特琳癌症中心的前身。

月。很多年前，医学文献就将苯列为白血病致病物质。

儿童身上快速增长的组织也能为恶性病变细胞提供最适宜的生长环境。麦克法兰·伯内特爵士指出，白血病不仅在全世界发病率的增长都很快，还成为 3 到 4 岁儿童最常见的疾病，远远高于其他疾病在该年龄段儿童中的发病率。伯内特爵士说："3 到 4 岁成为发病的高峰年龄段，只能说明儿童在出生前后曾接触过诱变剂和刺激物。"

另一种致癌诱变剂是聚氨酯。妊娠母鼠接触聚氨酯后，不仅自体会患上肺癌，幼鼠也会患上同样病症。实验幼鼠仅在出生前接触过聚氨酯，由此证明该物质能够侵入胎盘。正如休珀博士所警告的那样，接触过聚氨酯或同类化学物质的人群可能会导致后代患上婴幼儿肿瘤。

聚氨酯属于氨基甲酸乙酯物质，在化学成分上与除草剂 IPC 和 CIPC 类似。尽管癌症专家一再警告，氨基甲酸乙酯类药物却依然被广泛应用，不仅用于杀虫剂、除草剂和杀真菌剂，而且还用于各种塑化剂、医药、服装和隔热材料。

一些间接因素也可能导致癌症。通常意义上不致癌的物质可能会破坏身体某些器官的正常功能，从而导致恶性病变。跟性激素失衡有关的癌症，尤其是生殖系统癌症，就是这方面的重要例证。而性激素失衡有时候是因为肝脏受到损伤，从而无法保持适当的激素水平。氯代烃类化合物就属于间接致癌物，因为所有氯代烃类物质都能够对肝脏造成一定程度的损伤。

当然，人体正常存在的性激素发挥着必不可少的作用，能够刺激生殖器官的生长发育。肝脏平衡着人体内的雄性和雌性激素（男女体内同时存在

这两种激素,数量不同),形成自动保护机制,防止任何一种激素过量积存。然而,如果肝脏受到疾病或化学物质的损伤,或者 B 族维生素摄入不足,就无法起到平衡控制作用。这种情况下,雌激素会迅速增加,超出正常范围。

雌激素过多会造成什么样的后果?至少,动物实验已经提供了大量证据。洛克菲勒医学研究所的一名研究人员发现,因疾病导致肝脏受损的兔子患子宫瘤的概率非常高,这可能是因为肝脏受损,无法继续抑制血液中的雌激素,导致其"激增到致癌水平"。对小鼠、大鼠、豚鼠和猴子进行的大量实验表明,雌激素长期发挥主导作用(数量不一定要非常多)会造成生殖器官的组织发生变化,导致"良性增生或恶性病变"。仓鼠肾脏上的肿瘤就是雌激素过量所致。

尽管医学界对该问题仍有不同看法,但人体组织也会发生类似病变的观点已获大量证据支撑。加拿大麦吉尔大学皇家维多利亚医院的研究人员发现,他们研究的 150 例子宫癌患者中,2/3 的病人出现雌激素异常高的现象。后续研究的 20 位患者中,90% 出现类似雌激素增多的情况。

此类情况很可能是由于肝脏受损伤,无法有效抑制雌激素所致,然而目前尚无能够发现这些损伤的医学检测手段。我们知道,氯代烃类化合物很容易造成此类损伤,只需要摄入很小的剂量就能造成肝脏细胞变化,还能造成 B 族维生素损失。这一点也非常重要。其他证据链业已显示,B 族维生素具有抗癌作用。斯隆-凯特琳癌症研究所已故所长 C. P. 罗兹发现,接触过强致癌物质的实验动物,如果食用富含天然 B 族维生素的酵母就不会患上癌症。缺乏这些 B 族维生素则会患染口腔癌或消化道其他部位癌症。这种情况不仅出现在美国,瑞典和芬兰北部地区的人们因日常饮食中 B 族维生素不足,也存在类似情况。原生性肝癌高发群体(例如非洲的班图部落)大多存在营养不均衡现象。在非洲部分地区,男性患乳腺癌情况非常普遍,主要与肝脏疾病和营养不均衡有关。第二次世界大战后希腊男性乳房增大,就是饥荒导致的普遍后果①。

简而言之,杀虫剂能够间接引发癌症的论断,是基于其对肝脏造成损伤,遏制 B 族维生素供应,进而导致内生雌激素增多等事实依据。除此之外,我们还日益广泛接触到化妆品、药品、食品和职业环境中的各种合成雌激素。内生雌激素和外在合成雌激素的共同作用,应当引起我们的高度关注。

人类接触的致癌化学物质(包括杀虫剂)难以控制,数量众多。一个人可能会从不同途径接触到同一种化学物质。砷就是其中一例。砷以各种不同形式出现在个体的生活环境中,诸如空气污染物、水污染物、食物上的农药残留、药品、化妆品、木材防腐剂,以及油漆和墨水中的着色剂等。其中任何一次接触可能都不足以致癌,然而任何一次核定"安全剂量"与之前的"安全剂量"叠加,就会造成人体内"天平"失衡,导致危险的后果。

再者,两种或以上致癌物可能会协同造成危害,形成叠加效应。比方说,接触过 DDT 的个体,几乎肯定会接触到其他对肝脏有害的碳氢化合物,后者被广泛用作溶剂、脱漆剂、脱脂剂、干洗液和麻醉剂等。这样一来,多少DDT 能够算作"安全剂量"?

---

① 第二次世界大战时,轴心国占领希腊,实施大规模掠夺政策,给当地人口造成极大灾难。轴心国的征用,同盟国对希腊的封锁,希腊崩溃的基础设施系统,以及在政府官员支持下黑市的猖獗等因素,共同导致了一场大饥荒(1941—1944)。饥荒后希腊各类高发疾病中最突出的是许多希腊男性乳房异常增大,从而导致医学界出现一个来自希腊的术语"男性乳房发育症"(Gynecomastia),专指男性出现的"女性样乳房"。

此外，一种化学物质可能与另一种化学物质发生反应，改变其作用方式，这就使得情况更加复杂。有时候，需要两种化学物质相互作用才会诱发癌症。一种化学物质使细胞或组织变得敏感，另一种化学物质或促进剂进一步发挥作用，导致发生真正的恶性病变。因此，在皮肤肿瘤发生过程中，除草剂 IPC 和 CIPC 可能起着引发剂的作用，埋下恶性病变的种子，真正的恶变由其他物质（或许是普通的洗涤剂）完成。

物理物质和化学物质之间也可能发生相互作用。白血病发病过程可能分为两个阶段：X 射线引发恶性病变，继而一种化学物质（比如聚氨酯）介入，并促进完成病变过程。人类接触到的各种辐射日益增多，加之与各类化学物品的接触，使生活在现代社会的我们面临着严峻的新问题。

水源中的放射性物质污染造成了另一个问题。这些放射性物质通过电离辐射作用，改变了水中所含化学物质的特性，改变了化学物质的原子排列方式，并生成了新的化学物质。

洗涤剂污染公共水源的问题棘手而又无处不在，令全美各地水污染专家非常担心。目前，尚未发现有效办法对其进行清除治理。洗涤剂虽不是致癌物质，却能够通过如下作用间接导致癌症：作用于消化道内壁，改变机体组织，令其更容易吸收危险的化学物质，进而导致恶变。但谁能够预见并控制这种作用过程？在错综万变的情况下，除了"零剂量"，难道致癌物还有什么"安全"剂量吗？

我们总是罔顾危险，任由致癌物质存在于环境之中。最近发生的一件事情很能说明问题。1961 年春天，联邦、州和私人的多处虹鳟鱼养殖孵化基地爆发虹鳟鱼肝癌。美国东西部多地的虹鳟鱼受到影响。有些地区三岁龄以上虹鳟鱼无一例外全部患上肝癌。而我们之所以能对水污染可能给人类带来的癌症威胁做出预警,完全是因为美国国家癌症研究所环境癌症科早已和美国鱼类及野生动植物管理局开展合作,要求报告所有鱼类感染肿瘤的情况。

尽管相关研究已在进行中,导致大面积高发肝癌的确切原因尚未确定。但据说最重要的证据已指向养殖孵化基地饵料中的某种物质。除基本食物成分外,这些饵料中还含有大量化学添加剂和药物成分。

虹鳟鱼肝癌事件具有多重意义。最主要的一点是该事件可以证明,一种强效致癌物质进入生存环境可能会带来什么样的后果。休珀博士认为,虹鳟鱼肝癌事件是对人类的一个严重警告,必须引起高度重视,并据此控制环境中致癌物质的种类和数量。休珀博士说:"如果不采取防范措施,人类面临类似灾难的日子就不远了。"

有一位研究人员曾说,我们如今生活在一片"致癌物质的海洋"里。这个发现当然令人沮丧,也容易滋生绝望和失败的情绪。最常见的反应是:"难道真的没希望了吗?难道真的没有办法清除掉世界上的致癌物质了吗?与其浪费时间查找原因,还不如全力以赴研究治愈癌症的办法!"

休珀博士就该问题给出了答案。休珀博士毕生致力于癌症研究,经验丰富、成绩卓然,其经过长期思考给出的观点令人信服。休珀博士认为,人类今天面临的癌症形势跟 19 世纪末期出现的传染疫病情况十分相似。巴斯德和科赫①对致病微生物与许多传染疾病间的因果关系做出了卓越的解

---

① 罗伯特·科赫(Robert Koch,1843—1910),德国医学家,除了在病原体的确证方面做出了奠基性工作外,他创立的微生物学方法一直沿用至今。1905 年,科赫获得诺贝尔生理学或医学奖,表彰其在肺结核研究方面的贡献。

释。医学人员和普通大众越来越明白,人类环境中存在着大量能够导致疾病的微生物,这一点与我们当今环境中的致癌物质情况相似。目前,大多数传染病已经得到有效控制,有些还被彻底根除了。如此杰出的医学成就得益于两个方面的努力:严格的防控和有效的治疗。坊间普遍认为上述成就应当归功于类似"仙丹"式的特效药,然而,人类对抗传染病的几场决定性的战役都离不开致病微生物的根除措施。一百多年前,伦敦爆发的大霍乱就是历史的明证。伦敦内科医生约翰·斯诺根据自己绘制的霍乱地图①,发现这些病例都集中在一个区域,该区域的所有居民都从布劳德街上一处抽水井取水。斯诺医生当机立断,让人拆除了该水井的阀门。霍乱疫情因此得以控制,这一办法中并没有能够杀死霍乱病菌(该病的名称当时还不为人知)的灵丹妙药,而是通过根除环境中的致病微生物来控制疫情。治疗措施不仅要有治愈病人的重要作用,也应当能够降低传染源。如今,肺结核病之所以很少见是因为人们采取了有效措施,一般人很少会接触到结核杆菌。

当今世界充斥着致癌物质。在休珀博士看来,完全依靠或主要依靠治疗措施来对抗癌症(甚至假定能够找到"治愈"方法)注定会失败。无人问津的海量致癌物质会继续危害人类并造成新的伤害,其危害速度远远超过

---

① 约翰·斯诺一生经历了两次大规模霍乱流行,为寻找霍乱传染的根源,他在第二次伦敦霍乱流行期间(19世纪50年代),通过死亡登记中心的数据,在市区地图上描点制图,试图探索死亡患者的空间分布。斯诺根据自己绘制的霍乱地图,推测布劳德街中心的抽水井可能是传播疾病的源头。在他的执着要求下,市政府拆掉了该水井的阀门,此后,霍乱发病率迅速下降,很快就终止了。斯诺因为其制图工作成功地终止了一场霍乱的大流行,他也因此成为公共医学的鼻祖。他所绘制的霍乱地图,被英国人投票认定为人类最伟大的100幅地图之一。

目前尚不可知的"治愈"疗法对抗疾病的步伐。

　　我们为什么不愿意采用常识性的办法来对待癌症问题？休珀博士认为，原因很可能是"比起预防措施，治愈癌症病人这个目标更令人振奋、更实际、更刺激，也更有回报"。然而，采取预防措施阻止癌症的发生"绝对更人道"。休珀博士极不认同"每天早餐前吃一片神奇药丸"能防治癌症的说辞。公众相信这种说法，部分原因在于他们对癌症的误解。在他们看来，癌症尽管很神秘，也只是一种疾病，由一种原因引起，因此希望能够有一种治愈的办法。这一看法与已知事实相去甚远。环境性癌症既然是由各种不同的化学物质和物理物质造成，其恶变状况的生物学表现特征因此也多种多样。

　　人们期盼已久的"突破"即便有朝一日真的到来，也不会是包治所有恶性病变的万应灵药。尽管我们必须继续寻找治疗方法，以减轻和治愈癌症患者的病痛，但是那种幻想问题能够一蹴而就地得到解决的想法只会对人类有害。这个问题只能慢慢地、一步步地得到解决。然而，当我们倾注千百万资金用于研究的时候，当我们将全部希望寄托于治愈癌症的大型项目的时候，甚至当我们在寻求治愈方法的时候，我们恰恰忽视了预防癌症的黄金机会。

　　对抗癌症并非全然没有希望。从一个重要的方面来看，对抗癌症的前景比19世纪末20世纪初传染病爆发时的情况更乐观。当时全世界传染病菌蔓延，就像如今全世界充斥着致癌物质一样。但那时候，人类并未主动将传染病菌投入环境，也未主动传播过病菌。与之相反，当今绝大部分致癌物质都是人类主动投放到环境中去的。只要人们愿意，就可以清除掉其中很

多种致癌物质。化学致癌物质之所以能够肆虐世界，主要有两个方面的原因：第一种颇具讽刺意味，是因为人类追求更美好、便捷的生活；第二种则是因为这些化学物质的生产和销售已被人们当作经济和生活方式的一部分接受下来。

如果我们认为所有化学致癌物都能够（将）被彻底清除，那么这种想法显然不切实际。但其中绝大部分并非生活必需品。消灭这些并非必需品的化学品将会大大减少致癌物的总量，全体人类四中有一的罹患癌症的概率也将大大降低。我们目前的当务之急是杜绝那些污染我们的食物、水资源和空气的致癌物质，它们造成的接触最具危险性：虽然剂量微小，却年复一年持续摄入。

众多癌症研究领域的杰出人士都同意休珀博士的观点，认为只要下定决心识别环境性病因，加以清除并降低危害，就能够大大减少恶性疾病的发生。当然，对已经罹患癌症或有潜在癌变可能的患者，我们必须继续寻找治愈的方法。但对于尚未被癌症袭扰的人群，当然也包括子孙后代，采取防控措施已然刻不容缓。

第十五章

大自然的反击

人类冒着如此大的风险,按照自己的意愿去塑造自然,结果却一败涂地,这样的结果可真够讽刺的。然而,这似乎正是我们目前的境况。有一个真相尽管很少有人提及,但几乎尽人皆知:大自然没那么容易被塑造,昆虫正在想方设法与化学农药攻击周旋。

荷兰生物学家 C. J. 布雷约说:"昆虫世界是大自然最令人惊叹的奇观。昆虫世界里一切皆有可能,那里时常发生着最令人匪夷所思的事情。深入了解昆虫世界奥妙的人,常常叹为观止。他知道一切都有可能发生,完全不可能的事情也时有发生。"

目前,有两个领域正发生着"不可能的事情"。其一,昆虫通过遗传选择,生成对抗化学药品的抗药性。下一章我们将会讨论这一话题。但现在我们首先关注一个更具广泛意义的问题:我们的化学药品攻击正在削弱环境自身的防御机制(制约各物种平衡的机制)。我们每一次破坏自然的防御机制,都会导致昆虫肆虐。

来自世界各地的报告清楚地显示,我们目前正面临着严重的困境。经过十多年大规模的农药防控,昆虫学家发现,他们认为在数年前已经解决的

问题竟然卷土重来,而且还花样翻新,那些曾经数量不多、不足为患的昆虫突然泛滥成灾。由此看来,人类最终会自食其果,因为他们设计和使用的化学控制并没有考虑到灭杀对象的复杂生物系统。我们所用的化学药品也许在少数物种身上进行过测试,却并未经受过真实生物种群环境中的检验。

有些人似乎倾向于认为,自然的平衡状态是远古简单世界的专属,而这一状态早已被彻底打破,我们不妨将之忘记。有人觉得此言在理,但如果真的将这一说法作为行动指南,将会十分危险。当今时代的自然平衡固然不同于更新世①,却依然存在。各种生物之间复杂、精确、高度统一的关系不容忽视,否则必定会像身处悬崖边缘的人一样受到地球引力的惩罚。自然的平衡并不是一个恒定状态,而是处于不断流动、变化和调整之中。人类也是自然平衡的一部分。有时候自然平衡对人类有利;有时候,如果这一平衡受到人类活动的频繁干扰,就会变得对人类不利。

人们在制订昆虫防控计划时忽略了两个至关重要的事实。第一个事实是,最有效的昆虫防控手段在于自然而不在于人类。物种的数量受到生态学家称之为环境阻力的因素所控制,从生命最初在地球上出现时就是如此。可获取的食物总量、天气和气候条件、生物捕食的限制等,所有这一切都非常重要。昆虫学家罗伯特·梅特卡夫说:"防止昆虫肆虐世界的唯一有效因素是它们内部存在的相互残杀。"然而,现在使用的大部分杀虫剂却将所有昆虫不加区分地一并灭杀。

---

① 更新世,亦称洪积世,距今约 260 万年到 1 万年。英国地质学家莱伊尔 1839 年创用,1846 年福布斯把更新世称为冰川世,是地质时代第四纪的早期。

第二个被忽略的事实是,一旦环境阻力减弱,物种繁衍的速度会出现爆炸式增长。很多生物的繁殖力超出我们的想象,我们偶尔也领略过这一力量的威力。我记得自己在学生时代做过一场实验,在一只装有水和干草的罐子里,加入几滴原生动物培养液,几天后就会出现奇迹:罐子里充满快速向前移动的小生命——不计其数的草履虫(每一个只有尘埃大小)在温度适宜、食物充足、没有天敌的伊甸园般的环境中肆意繁殖。我想起海边满满地覆盖着一簇簇灰白色藤壶的岩石,放眼望去白茫茫的一片。我还想起大片水母延展的景象,这些水母如鬼魅一般颤动,与海水融为一体,绵延数英里,看不到边际。

我们从鳕鱼身上也能看到大自然神奇的控制作用。每年冬天,鳕鱼从海洋洄游到产卵地,一条雌鳕鱼能够产下数百万枚鱼卵。如果所有鱼卵都能够成活,海洋肯定会变成鳕鱼的天下,然而这种情况并不会发生。自然的环境阻力确保每一对鳕鱼产下的数百万只鱼卵中,能够存活成年的鳕鱼数量基本与前一代鳕鱼数量持平。

生物学家经常会自娱式假想:如果意外灾难降临,造成自然控制失效,致使某一物种的所有后代都能够存活,结果会是什么情况? 一个多世纪前,托马斯·赫胥黎[①]推算后指出,一只雌蚜虫(具有不经交配就能繁殖后代的神奇能力,即孤雌生殖)一年内繁殖的后代,"假定都能够存活,其总重量堪

---

① 托马斯·赫胥黎(Thomas Henry Huxley, 1825—1895),英国著名博物学家,达尔文进化论最杰出的代表,自称"达尔文的斗犬"。19 世纪末期,严复将其讲述宇宙过程中的自然力量与伦理过程中的人为力量相互激扬、相互制约、相互依存的根本问题的讲稿译成《天演论》,对中国近代社会产生过巨大影响。

比中国人口的总重量"。①

　　幸运的是,这种极端情况只是理论推断。但是,致力于研究动物种群的人非常清楚,破坏自然调节机制可能会带来什么样的可怕后果。牧民疯狂地消灭草原狼,导致田鼠泛滥成灾,因为草原狼是田鼠的天敌。人们熟知的亚利桑那州凯巴布高原黑尾鹿的情况则是另一个典型。黑尾鹿数量曾与其生存的环境处于平衡状态。狼、美洲狮、土狼等捕食者确保了鹿群数量不会超过环境的食物供给能力。后来,人们开始猎杀狼和美洲狮等猎食性动物,意图"保护"黑尾鹿。捕食动物消失后,鹿群增长速度惊人,很快就出现了食物短缺。凡是黑尾鹿能够触及的地方,树叶全部被啃食精光。后来,饿死的黑尾鹿远远超过被猎食动物杀死的数量。此外,这一地区的整体环境也因黑尾鹿疯狂觅食遭到了严重破坏。②

　　田野和森林里的捕食性昆虫起着类似凯巴布高原上狼的作用。消灭这些昆虫,会导致其所捕食的昆虫数量飙升。

　　没有人知道地球上到底生存着多少种昆虫,太多的昆虫种类尚未确定。目前已知种类有70余万种。如果按种类来算,这意味着昆虫占到地球生物种类总数的70%到80%。这些昆虫绝大部分通过自然力量实现数量控制,

---

　　①　赫胥黎在其1858年发表的学术论文《论蚜虫的无性繁殖及其生态学特征》("On the Agamic Reproduction and Morphology of Aphis")中提出这一著名推测。他将一只蚜虫的重量设定为1/1 000格令(1格令=0.064 8克),假定蚜虫繁殖的后代都能存活,一只雌蚜虫一年内繁殖后代总重量相当于5亿人口的总重量。而据统计,中国在清朝道光三十年(1850)的人口为4.3亿,因此生活在19世纪中后期的赫胥黎会有这一类比。
　　②　此为生态学领域的典型反面教材。1905年之前,凯巴布高原约有4 000头黑尾鹿。其后人们发起保护黑尾鹿、猎杀美洲狮、狼等天然捕食者的行动。1925年,黑尾鹿数量飙升至100 000头,导致食物严重短缺,大量黑尾鹿被饿死,数量锐减到10 000头左右。

并非人力所为。如果不是这样,恐怕无论多大剂量的化学药品,多少防控方法都无济于事。

问题在于,我们总是在失去自然保护后才意识到自然天敌的作用。大多数人对这个世界视而不见,感受不到世界的美丽和奇妙,对生活在我们周围,神奇又数量骇人的昆虫熟视无睹。正因为如此,很少有人知道捕食性昆虫和寄生性昆虫的活动。或许我们曾经留意过花园灌木丛中长相奇特、外表凶残的昆虫,也隐约知道螳螂靠捕捉其他昆虫为食。但只有当我们在夜晚拿着手电筒走进花园,看到螳螂鬼鬼祟祟地靠近猎物,我们才有更真切的了解。我们才能感受到捕食者和猎物之间的真实关系。我们才能感受到大自然无情的自控力量。

以其他昆虫为食的捕食性昆虫种类繁多。其中有些动作敏疾,像燕子一样从空中捕捉猎物;还有一些捕食性昆虫慢腾腾地在树干上爬行,沿途吞食蚜虫等静止不动的小昆虫。黄蜂捕捉软体昆虫并用其汁液喂食幼蜂。泥蜂在屋檐下用泥巴筑成圆柱形育幼泥巢,里面储满昆虫,供幼蜂食用。沙黄蜂会飞舞在牧场畜群周围,杀死侵扰畜群的吸血苍蝇。常被误认为蜜蜂的食蚜蝇,嗡嗡嗡地叫着,在长了蚜虫的植物上产卵,孵化后的幼虫能够消灭大量蚜虫。瓢虫是蚜虫、介壳虫和其他植食性昆虫的灭杀高手。一只瓢虫产一次卵需要吃掉好几百只蚜虫,才可以蓄积足够的能量。

寄生性昆虫的习性更为奇特。这类昆虫不会直接杀死宿主,而是用尽各种方法利用宿主喂养自己的幼虫。有的寄生昆虫会把卵产到宿主的幼虫或虫卵中去,幼虫的发育过程就以宿主为食。有的寄生性昆虫则用黏液把卵粘到软体昆虫上,孵化后的寄生幼虫会钻进宿主皮肤里面。还有一些寄

生性昆虫则凭借类似先天的远见直接将卵产在树叶上,伺伏等待软体昆虫进食时顺便吞下虫卵。

田间地头、院墙篱笆、花园菜地和森林之中,捕食性昆虫和寄生性昆虫无处不在。蜻蜓在池塘上方飞过,阳光照耀在其翅膀上射出一团团小火焰。在大型爬行动物生活的时代,蜻蜓的祖先也是这样在沼泽上方飞掠而过。目光敏锐的蜻蜓仍然像其远古时期的祖先一样,用细腿环兜捕食空中的蚊子。而蜻蜓幼虫(也称蜻蜓若虫,或水虿)则以水中的孑孓和其他昆虫为食。

附在叶片上不易被察觉的草蜻蛉(草蛉虫,草蛉)长着薄纱似的绿色翅膀和金黄色眼睛,胆小而又隐蔽,其祖先可以追溯到二叠纪时代的古老物种。成年的草蜻蛉主要以植物花蜜和蚜虫汁液为食。草蜻蛉的卵有一条长长的丝柄,柄基部固定在植物的叶片上。奇特而长有毛刺的蚜狮(草蛉幼虫)一孵出后,就开始捕食蚜虫、介壳虫和螨虫,吸干这些昆虫的体液。每只蚜狮吃掉好几百只蚜虫后,才会从尾部抽出白丝结茧化蛹。

还有很多黄蜂和蝇类,也是通过寄生方式以其他昆虫的卵和幼虫为食。一些卵寄生黄蜂虽然个头非常小,但因其数量庞大、活动频繁,能够有效遏制多种庄稼害虫的大量繁殖。

所有这些微型生物都一刻不停地劳作,不分晴天雨天,不分白昼黑夜,即便寒冷的冬天令其只剩下微弱的生命之火也仍坚持工作。这股微弱的生命之火隐隐地燃烧着,待到春天唤醒昆虫世界的时候,它们会再次勃发出旺盛的活力。整个冬天,厚厚的积雪下面,冰冻的土壤下面,树皮的裂缝和隐蔽的洞穴中,寄生昆虫和捕食昆虫各自找到过冬之所。

头一年夏季,雌螳螂生命周期即将结束前,会把卵产在卵鞘并安妥地粘附在树枝上。

雌性长脚黄蜂会隐藏到废弃阁楼的角落,体内带有承继着整个族群未来的大量受精卵。到了春天,独栖的雌黄蜂会营筑一个小纸巢,在每个巢室中产下几枚卵,精心养育出一批小工蜂。靠着小工蜂的帮助,雌黄蜂就可以扩大蜂巢、壮大种群。炎炎夏季,这些工蜂一刻不停地寻找食物,吃掉无数软体小昆虫。

这些昆虫的生活习性和我们自身需求的特点,使得这些昆虫都成为人类的同盟,维持着对人类有利的自然平衡。然而我们却将火力对准了这些朋友。最可怕的是,我们竟然大大低估了它们在遏制害虫方面起到的巨大作用。如果没有它们的帮助,人类早已被害虫荼毒。

杀虫剂的数量、种类和破坏力逐年升级,致使环境阻力产生普遍的、永久性的下降。随着时间的推移,我们将迎来更加肆虐的虫灾,它们传播疾病、损毁庄稼的危害程度将超乎想象。

你也许会说:"嗨,这样的事情不过是理论假设罢了。肯定不会真的发生,至少在我有生之年不会发生。"

然而,这样的事情确实在发生,就在此时此刻。据科学期刊记录,截至1958年,已有50余种昆虫出现严重的数量失衡。每年都会涌现一些新的例子。最近,关于该问题的一项综述性研究参考了215条文献,全都是报告或讨论杀虫剂导致昆虫数量失衡,造成不利后果的研究论文。

有时候,喷洒化学农药会适得其反,导致本来想要控制的昆虫大肆繁殖。安大略省喷药灭杀黑蝇,喷药后黑蝇数量达到原来的17倍。在英国,

喷洒一种有机磷农药之后,爆发了史无前例的卷心菜蚜虫灾害。

也有一些时候,喷药确实有效控制了目标昆虫,却像打开了潘多拉魔盒一般,造成数量原本不足为患的其他害虫泛滥成灾。举个例子来说,DDT和其他杀虫剂会灭杀叶螨的捕食昆虫,导致叶螨成为世界性害虫。叶螨不是昆虫,是蛛形纲蜱螨目叶螨科的一种极微小的八足动物,与蜘蛛、蝎子、蜱虫属于同类。叶螨的口器非常尖锐,适合穿刺和吸吮,嗜食给世界带来绿色的叶绿素,其细小、锋利的口器刺入树叶叶肉和常青针叶摄取叶绿素。遭叶螨轻度侵袭的树木和灌木叶片会出现白色的斑点,如果危害严重,树叶会变黄、脱落。

几年前,美国西部林区就发生过这样的事情。1956年,为防控云杉食心虫,美国林业局向约88.5万英亩森林喷洒DDT。第二年夏天,人们却发现一个比云杉食心虫更严重的问题。空中巡查时发现,大片森林枯萎,高大的道格拉斯冷杉(也称花旗松)针叶变黄、变褐,乃至脱落。从海伦娜国家森林到大贝尔特山脉西坡,到蒙大拿州的其他地区,一直延伸到爱达荷州,沿线森林全都像被火烧焦了似的。显然,1957年夏天发生的叶螨灾害是有史以来范围最广、程度最严重的一次。几乎所有喷洒过农药的地区都爆发了叶螨灾害。没有喷药的地区却没有明显的灾害。寻找类似先例时,林务官能够想到其他几起叶螨灾害,1929年黄石公园麦迪逊河段、1949年科罗拉多州、1956年新墨西哥州都曾发生过类似灾害,但都不及这一次严重。**每一次叶螨爆发都发生在森林喷施杀虫剂之后。**(1929年,还没有发明DDT,当时喷施的是砷酸铅。)

为什么喷了杀虫剂,叶螨反而更加猖獗? 除了叶螨对杀虫剂不敏感这一明显事实外，似乎还有另外两个原因。在自然界，叶螨数量由各种捕食性昆虫共同控制，诸如瓢虫、瘿蚊、捕植螨以及多种掠食性昆虫，而这些昆虫对杀虫剂都非常敏感。第三个原因与叶螨种群内部的数量压力有关。如果未遭受外来影响，叶螨族群通常密集地聚生在一个共同的保护性网带中，以防止外敌攻袭。喷洒杀虫剂虽然不会杀死叶螨，却会使其受到惊扰，迫使叶螨族群散开寻找新的不受干扰的栖身之所。它们会找到一个空间更大、食物更多的聚生地。之后，由于它们的天敌都被农药消灭得精光，叶螨不再需要耗费精力结织保护带，于是把所有精力都投入到繁衍后代上。得益于杀虫剂的作用，叶螨产卵量轻轻松松就能够增加3倍。

弗吉尼亚州谢南多厄河谷是著名的苹果产区，自从用DDT取代砷酸铅之后，一种被称作红带卷叶虫的小昆虫开始为害果农。这种从未造成过严重危害的昆虫，突然之间侵袭了果园中半数以上的果实，一跃成为苹果害虫之首。随着DDT使用量的增加，该情况已经从谢南多厄河谷蔓延到大部分东部和中西部地区。

下面的情况极具讽刺意味。20世纪40年代末，在加拿大东南部新斯科舍省的苹果园，定期喷药的果园出现了严重苹果卷叶蛾（蛀虫苹果的起因）灾害；然而没有喷洒农药的果园里，苹果卷叶蛾的数量却不足以造成实质性麻烦。

苏丹东部也出现过类似的勤勉喷药却招致不良后果的情况，棉农喷施DDT之后却反为其害。加什河三角洲灌溉便利，种植着6万英亩棉花。显然，早期试点喷洒DDT效果不错，人们于是加大了喷洒力度。麻烦也随之开始了。棉铃虫是一种棉花害虫。然而喷药范围越大，棉铃虫数量越多。

未喷药的棉田中,棉铃、棉桃遭受的危害比喷药的棉田少,喷过两次药的棉田,棉籽产量大幅度减少。尽管 DDT 消灭了一些啃食棉花叶子的害虫,然而这个收效早已被棉铃虫造成的危害大大抵消了。最终,棉农只能接受如下痛心的事实:如果不是自己费钱费力喷药,棉花产量本会更高。

在比属刚果①和乌干达,人们大规模施用 DDT 防治咖啡树害虫,几乎造成了"灾难性"后果。人们发现这种害虫几乎完全不受 DDT 影响,而其天敌却对药物极为敏感。

在美国,由于喷药扰乱了昆虫世界的种群动态,农民数次遭遇变本加厉的虫害侵袭。最近有两次大规模农药喷施就造成了这样的恶果。一次是南部的火蚁防治项目,另一次是中西部灭杀日本金龟子的喷药项目。(具体参见本书第十章和第七章。)

1957 年,路易斯安那州农田大规模喷洒七氯,导致甘蔗螟虫(一种危害最大的甘蔗害虫)泛滥。喷洒七氯之后不久,甘蔗螟虫造成的危害就急剧增加。人们为了消灭火蚁喷施的化学农药,也杀死了甘蔗螟虫的各种天敌。甘蔗收成严重受损,蔗农于是起诉州政府,认为他们没有事先对农药的危害做出警告。

伊利诺伊州农民遭受了同样惨痛的教训。为了防治日本金龟子,伊利诺伊州东部农田大量施用了毒性很强的狄氏剂,却发现喷药地区的玉米螟(又叫玉米钻心虫)数量急速增加。事实是,该区域具有破坏性的玉米螟幼

---

① 即现在的刚果民主共和国,原为比利时殖民地,时称比属刚果,1960 年 2 月独立后更名。

虫数量是未喷药地区的两倍。农民或许不明白造成该现象的生物学原理，但无需科学家指出，他们也会知道自己做了一笔赔本买卖：为了消灭一种昆虫，却引来危害更大的另一种昆虫。根据美国农业部的估算，日本金龟子每年造成的损失总值约 1 000 万美元，而玉米螟造成的损失却达 8 500 万美元左右。

值得注意的是，玉米螟防治原本一直主要依靠自然力量。该昆虫于 1917 年意外由欧洲引入美国，两年后，美国政府发起寻找并引入玉米螟寄生虫的大项目。此后，24 种玉米螟寄生虫从欧洲和东方国家陆续引进，耗资不菲。其中有 5 种寄生虫被认为具有明显防治效果。无需赘言，由于喷药造成玉米螟天敌被杀死，所有这些前期工作与成就悉数化为乌有。

如果此事不足以服人，不妨看看加州柑橘园的情况。19 世纪 80 年代，那里进行过世界上最著名、最成功的生物防治试验。1872 年，加州出现了一种以柑橘树液为食的介壳虫，十五年后发展成一种破坏性极大的害虫，导致许多果园损失惨重。尚处于起步阶段的柑橘产业遭到重创。不少橘农纷纷推倒果树，放弃柑橘种植。后来，人们从澳大利亚进口了一种叫作澳洲瓢虫的介壳虫寄生虫。引进小瓢虫仅仅两年时间，加州所有柑橘种植区的介壳虫就得到了完全的控制。自那以后，人们在柑橘园连续找上几天，都不会发现一只介壳虫。

然而，20 世纪 40 年代，柑橘果农开始尝试用全新的化学药品防治其他昆虫。随着 DDT 以及后来毒性更强的化学药剂的问世，加州多地的澳洲瓢虫被彻底消灭。政府当时花费 5 000 美元引进该昆虫，每年能为果农挽回数百万美元的损失。稍不留神，这一收益就成为泡影。介壳虫卷土重来，造成

五十年来最严重的灾害。

　　加州大学河滨分校柑橘种植实验站的保罗·德巴赫博士说："这也许标志着一个时代的终结。"控制介壳虫的工作现在变得极其复杂。不仅要反复投放澳洲瓢虫,还要密切关注喷药时间,尽量减少澳洲瓢虫与杀虫剂接触的机会。然而,无论柑橘农如何小心谨慎,多少总会被邻近地区果园的喷药连累,而空中飘散的杀虫剂也切实地造成过严重的损失。

　　上述案例都与危害农作物的昆虫有关。那些会传播疾病的昆虫情况又如何呢?目前已有此类警示出现。例如第二次世界大战期间,南太平洋上的尼桑岛曾经进行过大规模喷药,但战争结束后,喷药随即终止。大批携带疟疾病毒的蚊子很快重新侵袭了这座岛屿。此际,蚊子的所有天敌均被灭杀殆尽,新的种群尚未及形成。蚊子的肆虐已然无可阻挡。描述该事件始末的马歇尔·莱尔德将化学控制比作一台跑步机,一旦迈出了第一步,因为害怕后果,我们就不敢再停下来。

　　在世界上很多地方,疾病都与农药喷洒有着各种各样的关联。出于某种原因,蜗螺类软体动物似乎对杀虫剂完全免疫。人们曾多次观察到这种现象。佛罗里达州东部盐沼地喷药后发生的那次大灾难中(参见本书第九章),只有水生螺得以幸存下来。人们描绘的场景十分骇人,酷似神秘、怪诞、恐怖的超现实主义画作。这些水生螺在鱼类的尸体和垂死的招潮蟹中间爬行,吞噬着这些死于毒药的生物。

　　此事的重要性何在?关键在于许多水生螺都是危险寄生虫的宿主,这些寄生虫一部分生命周期在软体动物身上度过,另一部分则在人体中度过。

血吸虫就是这样的例子,它通过饮用水或洗澡水进入人体后会导致严重的疾病。血吸虫随着蜗螺类宿主进入水中,其所引起的疾病在亚洲和非洲部分地区比较普遍。一旦出现类似疫情,人们采取的昆虫控制措施往往会造成螺类疯狂繁殖,继而导致更为严重的后果。

当然,人类并不是螺类传播疾病的唯一受害者。牛、绵羊、山羊、鹿、麋鹿、兔子和各种恒温动物都有可能因为肝吸虫染上肝病。肝吸虫在淡水螺身上度过一部分生命周期。感染肝吸虫的动物肝脏不适宜人类食用,故而被禁止上市。此类禁令每年会给全国的牧民造成 350 万美元的损失。任何导致螺类数量增长的举措都会使得问题更加严重。

过去十年间,这些问题已经造成了深重的影响,但我们很晚才意识到这一点。与热闹喧嚣的化学防控相比,大多数最适合、最有效的自然控制手段却少有人问津。1960 年的一份报告显示,美国只有 2% 的经济昆虫学家还在从事生物防控领域的研究。余下 98% 的学者中,绝大部分都投身于化学杀虫剂研究。

为什么会出现这种情况?因为大型化学公司斥巨资,供高校开展杀虫剂方面的研究,还为学生提供诱人的研究生奖学金和极具诱惑力的工作岗位。而生物防治研究却从未获得过这样的资助。个中缘由非常简单,资助生物控制研究不会给任何人带来化学工业所能承诺的丰厚利润。这样的研究只能留给各州和联邦机构里拿着微薄薪水的研究人员。

这也解释了一个令人费解的现象,为什么某些杰出的昆虫学家会积极鼓吹化学防治。只要调查一下这些人的背景,我们不难发现,他们的整个研

究项目都是由化学产业资助的。他们的职业声望,甚至他们的工作本身,都寄托于化学方法的亘古长存。我们怎么能指望他们吃里爬外,反咬恩主?而一旦知晓了他们的偏见,我们又如何相信他们关于杀虫剂无害的那些言论?

在使用化学农药进行昆虫防控的普遍呼声中,不时有来自少数派昆虫学家的报告。他们还坚守着生物学家的底线,清楚地知道自己既非化学家也非工程师。

英国的 F. H. 雅各布说:"很多所谓经济昆虫学家的做派会让人感觉,在他们眼中,拯救世界只能仰息于小小的农药喷嘴⋯⋯万一出现害虫卷土重来,或产生抗药性,或毒害哺乳动物等问题,化学家一定能够发明新药物来搞定。这种看法站不住阵脚⋯⋯最终,只有生物学家才能给出虫害防治这一基本问题的答案。"

新斯科舍省的 A. D. 皮克特写道:"经济昆虫学家必须意识到,他们是在跟生物打交道⋯⋯他们的工作不应该只是简单的杀虫剂测试,也不应该只是找寻杀伤力更强的化学药剂。"皮克特博士本人就是理性昆虫防治领域的先驱,倡导充分发挥捕食性和寄生性昆虫的作用。他与同事提出的方法堪称当今世界的光辉典范,鲜有可以媲美者,也许只有几位加州昆虫学家倡导的联合防治项目稍可与之相提并论。

大约三十五年前,皮克特博士就开始在新斯科舍省安纳波利斯谷的苹果园开展研究,那里曾经是加拿大各类水果的集中产地。刚开始,人们相信杀虫剂(当时还是无机化学物质)可以解决害虫防治问题,唯一的任务就是引导果农遵循各种推荐的使用方法。然而,消灭害虫的美好图景并没能实现。昆虫问题仍然存在。人们发明出新的化学药剂,设计了更好的喷药设备,喷药热情如火如荼,可昆虫问题依然如故。随后,DDT 宣称能够"终结"苹果卷叶蛾的"噩梦"。结果却招致一场史无前例的螨虫灾害。皮克特博士说:"我们不过是从一场危机进入另一场危机,用一个问题替代了另一个问题。"

这个时候,皮克特博士和他的同事们突然想到了一条新的道路,不再跟其他昆虫学家一起研发毒性更强的化学药剂。他们意识到,自然界中有着强大的盟友,于是设计出一套尽量利用自然力量、少用杀虫剂的方案,有必要使用杀虫剂的时候,也仅使用最小剂量,以刚好控制住害虫而又不伤及其他益虫为宜。准确把握时间节点也非常关键。赶在苹果花露红期之前使用硫酸烟碱,能够使一种重要的捕食性昆虫幸免于难,因为那个时候,它们可能还没有孵化出来。

皮克特博士在挑选化学药剂时格外谨慎,尽可能减少对捕食性或寄生性昆虫的伤害。他说:"如果我们也像过去使用无机化学品那样,把 DDT、对硫磷、氯丹和其他新型杀虫剂当成常规控制手段,就意味着致力于生物防控的昆虫学家也认输了。"他不使用这些毒性强的广谱杀虫剂,而主要依靠鱼尼丁(提取自热带植物的地下根茎)、硫酸烟碱和砷酸铅。在某些特定情况下会使用浓度极低的 DDT 或马拉硫磷(每 100 加仑 1 至 2 盎司,而非通常的每 100 加仑 1 至 2 磅)。虽然 DDT、马拉硫磷已经是毒性最低的两种现代杀虫剂,皮克特博士仍然希望能够通过进一步研究,找到更安全、更有针对性的替代物质。

皮克特博士的项目成效如何? 遵循皮克特博士的改良喷洒方法,新斯

科舍省果农与那些选择大规模农药喷洒的果农所生产的一级果品比例同样高。他们也取得了同样好的水果收成。然而,同样的好收成花费的成本却有很大差异。新斯科舍省苹果园杀虫剂费用仅为其他苹果种植区费用的10%至20%。

在所有这些骄人的成绩之外,重要的是新斯科舍省昆虫学家的改良方案不会破坏自然平衡！整个情况正朝着加拿大昆虫学家 G. C. 乌里耶特十年前指引的方向发展:"我们必须改变根深蒂固的观念,摒弃把人视为优等动物的态度,承认在多数情况下,我们从自然环境中找到的生物数量控制方法要比人为干预的方法更为经济。"

第十六章

轰隆隆的雪崩声

达尔文如果现在还在人世，看到自己提出的适者生存理论在昆虫世界得到如此强有力的印证，一定会感到既高兴又震惊。在强大的农药喷洒压力下，昆虫种群中适应力弱的物种已被淘汰。如今，在很多地方，只有那些适应力强的昆虫得以存留下来对抗着人类的化学控制。

近半个世纪之前，华盛顿州立学院昆虫学教授 A. L. 梅兰德提出了一个现在看来压根不需要回答的问题："昆虫会产生耐药性吗？"如果梅兰德当时不知道这个问题的答案，或很晚才知道答案，那只是因为他提问得太早：是在 1914 年，而不是四十年后。DDT 问世之前，人们使用无机化学物喷洒（喷洒范围如今看来非常小），也已经有不少地方的昆虫对化学药（粉）剂产生了适应性。梅兰德本人就碰到过梨圆蚧（危害果树的一种介壳虫）难题。多年来，石灰硫磺起到过令人满意的控制效果。突然间，华盛顿州克拉克斯顿地区的梨圆蚧就变得难以控制：比韦纳奇的果园、雅吉玛谷和其他地方的梨圆蚧都变得难以灭杀。

美国其他地方的介壳虫似乎也突然出现了同样的情况：果农卖力喷洒大量的石灰硫磺，却杀不死介壳虫。中西部地区数千英亩优质果园毁于这

些产生了抗药性的介壳虫。

加州一些地区的氢氰酸果树熏蒸法(用帆布篷把树罩起来,用氢氰酸进行熏蒸)曾经久负盛名,现在也开始失效了。1915年,加州柑橘实验站对该问题开展研究,前后持续了二十五年。另一种产生抗药性的昆虫是苹果卷叶蛾,20世纪20年代,卷叶蛾对此前成功使用四十年的砷酸铅产生了抗药性。

然而,直到DDT及其同属化学品大量问世后,"抗药性时代"才真正来临。稍微对昆虫或动物种群的数量变化有点基本知识的人,都不会对短短几年内暴露出来的这个凶险问题感到惊讶。然而,人们很晚才意识到,昆虫已经具备了对抗人类化学攻击的有效武器。目前,似乎只有那些关注病原媒介昆虫的人才完全明白情况的危急性。大部分农业学家仍乐观地寄希望于研发毒性更强的新型化学药剂,而目前的困境正是由这种错误理念所导致的。

人们对昆虫抗药性的认识非常缓慢,而昆虫的抗药性却发展迅猛。1945年之前,仅发现10余种昆虫对前DDT时代的杀虫剂产生了抗药性。随着新型有机化学药剂的出现以及大规模药剂喷洒方法的更新,昆虫的抗药性也疾速发展。1960年,具有抗药性的昆虫种类已达137种。人们知道,事情还远未结束。目前,该领域已有1 000余篇相关研究论文。在来自世界各地大约300名科学家的援助下,世界卫生组织宣布:"目前,病菌防控项目中最重要的问题就是抗药性。"英国著名动物种群研究者查尔斯·埃尔顿博士说过:"雪崩的轰隆声正在迫近。"

有时候,抗药性发展之快,以至于关于某种化学药物成功控制某种昆虫的报告墨痕未干，就不得不再发布修订报告。例如，在南非，蓝壁虱长期为害牧场，曾有一座牧场一年有 600 头牲口死于蓝壁虱。多年来，蓝壁虱已经对砷溶剂产生了抗药性。后来牧民试用了六氯化苯，短时间内似乎取得了良好的效果。1949 年初，人们发布报告称已有新化学药剂能够轻松控制这些对砷产生抗药性的蓝壁虱。当年晚些时候，人们不得不沮丧地发布通告称，蓝壁虱又产生了新的抗药性。一位作者在 1950 年的《皮革贸易综述》上就此事发表评论："如果人们充分了解此事的重要性，这些在科学圈内秘密传播，国外媒体点滴报道的新闻，足以像原子弹新闻一样登上媒体头条。"

虽然昆虫抗药性主要是农业和林业关切的问题，但它在公共健康领域却引起了最为严重的恐慌。各种昆虫与多种人类疾病之间的关联由来已久。疟蚊会把单细胞疟疾病原体注入人类血液，其他蚊子会传播黄热病，还有一些蚊子携带脑炎病毒。家蝇虽不咬人却可能污染人类食物，传播痢疾杆菌。在世界上许多地区，家蝇还会传播眼病。疾病及其病原携带者的清单上一定会有斑疹伤寒与体虱、鼠疫与鼠蚤、非洲昏睡病与采采蝇、各种发热病症与蜱虫等无数例子。

这些问题非常重要，必须尽快解决。任何有责任心的人都不会对昆虫传播的疾病视而不见。摆在我们面前最迫切的问题是：我们解决问题的方法只会令情况迅速恶化，这么做是否明智？是否负责任？人们听到过大量通过控制携带病原的昆虫，成功战胜疾病的好消息，却很少知道事实的另一面，即便是失败的一面，这些转瞬即逝的胜利有力地说明了，在人类的努力下，害虫正变得越来越强悍。更糟糕的是，我们或许已经摧毁了自身抵御疾患的能力。

世界卫生组织聘请加拿大著名昆虫学家 A. W. A. 布朗博士,对昆虫抗药性问题展开全面调查。1958 年,布朗博士在研究专论中写道:"在公共卫生项目引入强效合成杀虫剂之后不出十年,曾经得到控制的昆虫就产生了耐药性,这是目前主要的技术难题。"该专论出版时,世界卫生组织呼吁:"如果不尽快解决这一新问题,人类目前对抗疟疾、斑疹伤寒和瘟疫等由节肢动物传播的疾病的工作将遭遇重创。"

重创程度如何?目前,绝大多数医学昆虫①都有了抗药性。目前,大概只剩下墨蚊、沙蝇和采采蝇尚未产生抗药性。然而,全球范围的家蝇和体虱都已经产生抗药性。疟疾防控项目因蚊子产生抗药性而受到阻碍。鼠疫的主要传播途径东方鼠蚤最近对 DDT 产生了抗药性,情况十分严重。遍及各大洲和大部分群岛的各个国家都在发布大量其他物种出现抗药性的报告。

我们估计,医学上首次使用现代杀虫剂是在 1943 年的意大利。当时,盟军政府向人们身上喷洒 DDT,成功扑灭了斑疹伤寒的传染。两年后,人们大规模使用滞留性喷洒②,又成功扑灭了疟蚊。仅仅一年后,问题就出现了。家蝇和家蚊都开始出现抗药性。1948 年,人们用新研制的氯丹替代 DDT。这一次,控制效果持续了两年,1950 年 8 月,部分苍蝇开始出现抗药性,当年年底,所有家蝇与家蚊似乎都对氯丹产生了抗药性。抗药性出现的

---

① 医学昆虫(Medical Insects)是指骚扰人类安宁,传播疾病与病原体的昆虫和其他节肢动物,包括:蚊、蝇、蠓、蚋、蛉、蚤、臭虫、蜚蠊、蜘蛛、恙螨、革螨、蝗、蜈蚣、马陆、蟹、水蚤、蠕形纲的叠形虫等。它们可以通过吸血、刺螫、机械携带传播各种病原体,包括原虫、蠕虫、螺旋体、立克次体、细菌、病毒等。

② 滞留性喷洒(Residual Spray)也称表面喷洒,是将杀虫剂稀释后直接喷洒在需要处理的物体表面,用于防治在特定表面上活动的爬虫,或栖息在特定表面上的飞虫。

速度和新型化学药剂投入使用的速度一样快。1951 年年底,DDT、甲氧氯、氯丹、七氯以及六氯化苯都登上失效化学药物的清单。与此相反,蚊蝇却继续"肆意泛滥"。

20 世纪 40 年代,意大利撒丁岛也出现了一连串抗药性事件。丹麦在1944 年首次投入使用含 DDT 的产品,1947 年多地苍蝇灭杀宣告失败。及至 1948 年,埃及许多地方的苍蝇对 DDT 产生抗药性,改用六氯化苯效果仅持续不到一年。埃及的一座村庄特别能够说明问题。1950 年,杀虫剂控制苍蝇效果良好,当年该村婴儿死亡率降低了近 50%。然而次年,苍蝇就对DDT 和氯丹都产生了抗药性。苍蝇数量恢复到之前的水平,婴儿死亡率也同样恢复到从前的数值。

1948 年,美国田纳西河谷的苍蝇普遍对 DDT 产生抗药性。其他地区相继出现此类情况。人们尝试用狄氏剂进行防治,然而收效甚微。有些地区,**不到两个月苍蝇就会产生明显的抗药性**。防治机构在尝试过所有氯代烃类化合物之后,转向使用有机磷酸盐类化合物,然而苍蝇再次对各种有机磷酸盐类化合物产生了抗药性。目前专家得出的结论是:"家蝇防控已经超出杀虫剂的技术能力,必须重新依靠全面的卫生措施。"

DDT 在那不勒斯成功消灭体虱是其最早、最广为人知的一项成就①。随后,1945 至 1946 年的冬天,日本、韩国体虱肆虐,200 万人口受到影响,

---

① 第二次世界大战期间,体虱在意大利南部港口那不勒斯肆虐,1944 年 1 月,那不勒斯开始大面积使用 DDT,无论军人还是老百姓,都要排起队来喷洒 DDT 溶液。三周之后,虱子被彻底消灭,人类历史上第一次制止了斑疹伤寒病的流行,有力地显示了 DDT 在防治斑疹伤寒及由其他节肢动物传播的疾病方面的重大功效,从此 DDT 名扬世界。其发明者瑞士化学家保尔·赫尔曼·米勒因此荣获 1948 年度诺贝尔生理学或医学奖。

DDT再次成功地发挥了作用。1948年,西班牙使用DDT防治流行性斑疹伤寒,却遭遇了失败,在一定程度上预示了未来的困难。尽管实际使用中已有失败的案例,一些鼓舞人心的实验结果却让昆虫学家依然深信虱子不可能产生抗药性。1950至1951年冬天,韩国发生的事件难免令人震惊。一群韩国士兵用过DDT药粉后,身上的虱子反而更加猖獗。人们采集虱子样本进行检测,结果发现浓度为5%的DDT粉末并不会增加虱子的自然死亡率。科学家对从东京流浪汉,板桥区贫民窟,以及叙利亚、约旦、埃及东部的难民营采集而来的虱子样本进行检测,结果均证实DDT对防控虱子和斑疹伤寒已经无效。1957年,虱子对DDT产生抗药性的国家拓展到伊朗、土耳其、埃塞俄比亚、西非、南非、秘鲁、智利、法国、南斯拉夫、阿富汗、乌干达、墨西哥和坦噶尼喀等。至此,DDT最初在意大利取得的胜利荣光已然式微。

最早对DDT产生抗药性的疟蚊是希腊的萨氏按蚊[1]。始于1946年的大规模灭杀取得了初步成效。然而,1949年,观察员发现,虽然洒过药的房屋和牲口棚中的萨氏按蚊都已消失,然而路桥下却栖聚着大量成蚊。很快,这些成蚊的栖聚地扩展到地窖、外屋(仓库、谷仓等)、排水管以及橘子树的树叶和树干中。显然,成蚊对建筑物中喷洒的DDT已经具备了足够的抗药性,能够成功逃离,并在野外栖聚、恢复。几个月后,它们就能够在喷过DDT的房屋中停留,而且停留在喷过药的墙壁上。

上述情况其实还只是目前严峻境况的前兆。按蚊属蚊子对杀虫剂的抗

---

[1] 萨氏按蚊(Anopheles Sacharovi)在一些地方被称为冬蚊子,原因是因为它们能在入冬季节活动。

药性以惊人的速度上升，原因正是那些以消除疟疾为目标的家庭喷药行动。1956年，仅5种按蚊属蚊子出现抗药性，到1960年初，这一数字就从5种上升到28种！这其中包括西非、中东、中美、印度尼西亚和东欧等地非常危险的几种疟蚊。

其他种类的蚊子（包括传播其他疾病的蚊子）也出现了同样的情况。世界多地均发现，一种携带橡皮病病原寄生虫的热带蚊子产生了极强的抗药性。美国一些地区的西方马脑炎病毒媒介蚊也出现抗药性。更严重的问题跟传播黄热病的蚊子有关。几个世纪以来，黄热病始终是世界上最严重的瘟疫之一。东南亚地区的黄热病毒媒介蚊已经出现抗药性，该情况目前在加勒比地区也非常普遍。

世界多地的报告显示，抗药性对疟疾和其他疾病造成了严重后果。1954年，特立尼达岛爆发黄热病，就是因为蚊子出现抗药性，导致控制失败。印度尼西亚和伊朗的疟疾情况加剧。在希腊、尼日利亚和利比里亚，蚊子仍然携带和传播疟原虫。格鲁吉亚通过防治苍蝇减少了腹泻病症，可是防治效果在一年后荡然无存。埃及通过短期防治苍蝇减少了急性结膜炎，但效果仅持续到1950年。

佛罗里达州的盐沼蚊也出现了抗药性，虽然不会危及人类健康，却造成了严重经济损失。盐沼蚊并不携带病菌，但成群结队出现的嗜血蚊子造成佛罗里达海岸大片区域无法居住。艰难、短暂的控制之后，情况依然如故。

各地的普通家蚊也都出现了抗药性，看来那些定期大规模喷药的社区也该停止喷洒了。如今，在意大利、以色列、日本、法国和美国部分地区（加州、俄亥俄州、新泽西州和马萨诸塞州），家蚊已对若干种杀虫剂（包括普遍

使用的 DDT）产生了抗药性。

蜱虫也是个问题。科学家最近发现，传播斑疹热的木蜱产生了抗药性，褐色犬蜱早已形成全面、彻底的抗药机制。这对人和狗都造成了威胁。褐色犬蜱是一种亚热带物种，之所以出现在新泽西州这样的北方地区，一定是因为它躲在有供暖的室内过冬，而非栖息在户外。1959 年夏天，美国自然历史博物馆的约翰·C. 帕里斯特报告说，他和同事们不断接到附近中央公园西区居民打来的电话。帕里斯特先生说："不时就会有一整栋公寓出现大量蜱虫幼虫，非常难以清除。狗在中央公园染上蜱虫，蜱虫继而在公寓内产卵、孵化。这些蜱虫似乎对 DDT、氯丹和大部分现代杀虫剂都具有免疫力。纽约市过去很少出现蜱虫，但现在不光是纽约，连长岛、韦斯切斯特甚至康涅狄格州都出现了蜱虫。过去五、六年，这种情况特别明显。"

北美大部分地区的德国小蠊①都对氯丹产生了抗药性。过去，人们最喜欢用氯丹灭杀它，现在改用有机磷杀虫剂。然而，科学家最近发现，德国小蠊对有机磷杀虫剂也产生了抗药性，人们不知道下一步该如何是好。

目前，随着抗药性的发展，虫媒传染病防治机构只能不断更换杀虫剂。纵然天才的化学家能够源源不断地研制出新药品，此法也非长久之计。布朗博士指出，人类目前所走的是一条"单行道"，没有人知道这条路能够走多远。如果在携带病菌的昆虫得到控制之前遇上死胡同，人类的处境就真的非常危险了。

---

① 德国小蠊（German cockroach），蟑螂的一种，体型较小，是分布最广泛，也是最难治理的一类世界性家居卫生害虫。它除了盗食、污染食物，损坏衣物、书籍，破坏电脑等精密仪器，造成经济损失外，更主要的危害是传播大量疾病。

那些为害庄稼的昆虫,同样也产生了抗药性。

除了较早时期对无机化合物出现抗药性的 10 余种农业害虫,现在又有很多种昆虫对 DDT、六氯化苯、林丹、毒杀芬、狄氏剂、艾氏剂以及人们寄予厚望的磷酸盐类化合物产生了抗药性。1960 年,已有 65 种农作物害虫产生了抗药性。

1951 年,美国发现第一例农业害虫对 DDT 产生抗药性,此时距 DDT 首次投用约六年。或许最棘手的问题是苹果卷叶蛾。全世界所有苹果产区的苹果卷叶蛾都出现了 DDT 抗药性。卷心菜害虫的抗药性是另一个严重问题。美国多地发现马铃薯害虫产生了抗药性。6 种棉花害虫、蓟马、梨小食心虫、叶蝉、毛虫、螨虫、蚜虫、金针虫和许多其他昆虫,对农民的药物喷杀都丝毫没有反应。

化学工业或许很不情愿面对抗药性这个令人不快的现实,这一点自是人之常情。1959 年,尽管已有 100 余种重要昆虫物种被确认具有抗药性,农业化学领域的一家重要期刊却执迷于探讨昆虫抗药性"是真实还是臆测"的问题。然而,即使化学工业领域企图闭目塞听,问题并不会消失,而且还带来了经济方面的损失。其中一项损失就是化学药物杀虫成本持续增长。提前大批量囤积化学药品的做法已不再现实,今天也许是最佳杀虫剂,到了明天就可能完全不起作用。用于支持和推广杀虫剂的巨额投资很可能会付诸东流,因为昆虫已经再一次证明,暴力绝非对付自然的有效手段。不管杀虫剂的研发和使用方法的更新速度有多快,人们总会发现昆虫又领先了一步。

就连达尔文本人,恐怕都找不到比抗药性机制更能证明自然选择作用

的例子。即便来自同一个种群,每只昆虫的身体结构、行为和生理机能等方面也各不相同,只有"强大"的昆虫才能够在化学攻击中幸存下来。喷药杀死的是弱者。只有那些先天具备避开危险能力的昆虫才能够存活。这些昆虫繁殖的后代通过简单遗传就具备了先辈们的"强大"品质。大规模强力化学喷杀,反倒使得原本想要解决的问题变得更糟糕,这样的结果已经无可避免。经过若干代的发展演变,原本强者和弱者混生的族群,会被一个全部具有抗药性的"强大"种群所替代。

昆虫抵抗化学药剂的方法很可能千差万别,人类很难做到全面彻底的了解。一种观点认为,有些昆虫借助结构优势对抗化学药剂,但此说缺乏实际证据。然而,从布雷约博士的一些观察中,我们能够发现,有些昆虫确实具备免疫性。布雷约博士观察过丹麦斯普林福比害虫防治研究所的苍蝇后,在报告中写道:"它们在 DDT 的环境中嬉戏,好像从前的魔术师在烧红的炭火上舞动。"

世界上其他地区也传来类似报告。在马来半岛西南部的吉隆坡,蚊子对 DDT 的最初反应是逃离喷药地区。但随着它们逐渐产生抗药性,打着手电筒的人们发现,这些蚊子能直接停留在 DDT 的沉积物上。台湾地区南部一处军营里,一些具有抗药性的臭虫身上直接沾染着 DDT 粉末。人们做过一次实验,把这些臭虫裹到一块浸满 DDT 的布里面,结果它们在上面存活了一个月,而且还产了卵,孵出的后代无比壮硕。

不过,抗药性并不一定依赖于身体构造。对 DDT 有抗药性的苍蝇体内有一种酶,帮助它们把 DDT 转化成毒性较弱的 DDE。只有携带抵抗 DDT 遗传因子的苍蝇体内才有这种酶。而这一性能当然也是源自遗传。至于苍蝇和其他昆虫如何化解有机磷酸盐类化合物毒性的问题,我们目前尚不清楚。

昆虫的某些行为习惯也使其能够避开化学药品。许多工人注意到,有抗药性的苍蝇更倾向于停留在未喷药的水平面上,很少会出现在喷过药的墙上。有抗药性的家蝇也习惯停留在固定的未喷药区域,因此大大降低了接触毒药残留的频率。一些疟蚊的习性使其能够避免接触DDT,也就等于具备了免疫力。受到喷药刺激后,这些疟蚊会飞离房屋到户外生存。

通常昆虫产生抗药性需要两到三年时间,不过有时只需要一个季度,甚至更短时间。也有些极端情况,可能需要六年时间才会形成抗药性。昆虫种群一年内繁衍后代的次数很重要,这一点随物种和气候状况而不同。例如,加拿大的苍蝇比美国南部的苍蝇产生抗药性速度慢,因为美国南部夏季时间长,有利于苍蝇快速繁殖。

人们有时会满怀希望地问:"如果昆虫能产生抗药性,人类是否也可以?"理论上说可以,但这个过程可能需要几百甚至几千年时间,恐怕不会给目前活着的人带来什么安慰。抗药性并非在单独个体上产生的东西。如果他生来比其他人不易受毒素影响,就有可能存活下来并繁衍后代。因此,抗药性需要一个族群历经数代才能够形成。人类的繁衍速度大约为每个世纪三代人,而昆虫几天或几个星期就会繁衍一代。

布雷约博士在担任荷兰植物保护局负责人时曾建议:"在某些情况下,明智的做法是选择承担小量的损失,而非保全眼前利益,却最终因为失去对抗力而付出长久的代价。明智的建议应该是'尽可能少喷药'而不是'竭尽所能喷药'……应当尽可能减少加之于害虫种群的压力。"

不幸的是,美国农业部门并不认同这样的看法。农业部1952年的年鉴从头到尾都在探讨昆虫问题,承认昆虫产生抗药性的事实,却认为"为了确保控制昆虫,需要加大杀虫剂使用剂量"。如果世上只剩下最后一种尚未使用的杀虫剂,不仅能消灭昆虫还能杀死地球上所有生命,那么后果会怎样,农业部对此不曾表态。但该建议发布仅七年后(1959),《农业与食品化学杂志》谈到该建议产生的后果时,援引了康涅狄格州一位昆虫学家的数据,认为对至少一两种昆虫来说,最后可用的新型防治药品已经投入使用。

布雷约博士说:

> 很显然,我们正走在一条危险的路上。……我们必须积极研究其他控制手段,积极研究生物手段,而非化学手段。我们的目标是尽可能小心谨慎地将自然引上正轨,而非使用暴力……
>
> 我们需要更富远见的思维方式和更加深邃的洞察能力,但许多研究人员都不具备这些素质。生命是一个无法理解的奇迹。即使我们不得不与之抗争,也应该保有敬意……借助杀虫剂这样的武器来施行控制,只能证明我们知识匮乏、能力不足,不能引导自然发展,而要诉诸暴力。科学需要谦卑谨慎,容不得一丝一毫的自负自大。

第十七章

另一条路

现在,我们正站在两条路的交叉口。却与罗伯特·弗罗斯特著名诗歌中的路不同①,供我们选择的两条道路并非同样的美好。我们长期以来行走的这条路,会让人误以为是一条平坦、舒适、任由我们驱骋的高速车道,但路的尽头等着我们的却是灾难。另外一条"较少有人走过"的路却能够顺利到达终点并而保护好地球,它是人类最后,也是唯一的机会。

说到底,该走哪条路需要我们自己进行抉择。如果在承受那么多灾祸之后,我们终于开始维护自己的"知情权";如果在充分了解之后,我们终于知道自己在冒着可怕而毫无意义的风险;我们就不该继续听信那些鼓动我们继续向世界施毒的说辞。我们应该进行调查研究,探寻是否还有其他的路可走。

除了化学药剂,确实还有大量控制昆虫的方法可供选择。有些方法已经付诸使用并已取得了辉煌成就,有些仍处于实验测试阶段。还有一些暂

---

① 罗伯特·弗罗斯特(Robert Frost, 1874—1963),20 世纪最受欢迎的美国诗人之一,被誉为"美国文学中的桂冠诗人",曾四次获得普利策奖。《未选择的路》("The Road Not Taken")这首深邃的哲理诗展现了现实生活中人们处在十字路口时难以抉择的心情。

时存在于科学家的构想中，等待时机进行测试。所有这些方法都有一个共同点：它们属于生物学方法，基于对生物机体及其所属生命系统的充分了解。昆虫学、病理学、遗传学、生理学、生物化学和生态学等生物学各分支领域的专家，正凭借各自的知识和创造力，积极推动形成新的生物防治科学。

约翰·霍普金斯大学的生物学家卡尔·P. 斯旺森教授说过："每一门科学都仿佛是一条河流。它的源头模糊不清、不引人注目，水流时而平稳，时而湍急，有枯水期也有丰水期。随着研究人员的勤勉努力，加之众多思想源流的汇入，河流水势日益迅猛。新的概念和理论日渐形成，河流会愈发宽广、深邃。"

现代意义上的生物防治科学正是如此。在美国，生物防治科学的起源比较模糊，大致可以追溯到一百多年前，那是人们第一次尝试引入自然天敌对付农作物害虫。这门科学有时发展缓慢，甚至完全没有进展，但在成功案例的刺激下，不时也会出现迅猛发展的势头。它曾遭遇过"枯水期"：20 世纪 40 年代，在新型杀虫剂的炫目光芒下，应用昆虫学研究人员纷纷摒弃生物控制方法，奔向化学防治的"快速车道"。然而，"没有昆虫的世界"已经成了渐行渐远的目标。事实最终证明，不加节制地滥用化学药剂对人类造成的伤害远比对昆虫大，生物防治科学这条河流在新的思想源流的滋养下终于迎来了"丰水期"。

有些新方法无比神奇，试图利用昆虫自身的力量（即利用昆虫的生命力）去摧毁其所属族群。其中最令人惊叹的，莫过于美国农业部昆虫学研究分部主任爱德华·尼普林博士及其同事提出的"雄性绝育法"。

大约二十五年前，尼普林博士提出了一种令同行震惊的独特的昆虫防治法。尼普林博士推论说:如果能对大量昆虫实施绝育并投放出去,在一定条件下让绝育雄昆虫与普通野生雄昆虫竞争后胜出。反复投放绝育昆虫后,昆虫只能产下无法孵化的虫卵,整个种群将会逐渐消亡。

虽然遭遇到官方的漠视和科学家的质疑,尼普林博士却不曾放弃自己的设想。要想付诸实践,首先要找到可行的昆虫绝育方法。昆虫学家 G. A. 朗纳曾报告过 X 射线造成烟草甲虫绝育的现象,因此从理论上来说,早在 1916 年人们就已经知道 X 射线能够使昆虫绝育。20 世纪 20 年代末期,赫尔曼·穆勒关于 X 射线能造成基因突变的开创性成果,拓展出广阔的思想界域。到 20 世纪中期,众多研究人员报告过用 X 射线或伽马射线对至少十二种昆虫进行绝育操作的情况。

但这些都只是实验,离实际应用还有很漫长的路要走。1950 年前后,尼普林博士正式尝试用昆虫绝育方法灭除美国南部主要的牲畜害虫螺旋蝇①。螺旋蝇的雌蝇会将卵产在恒温动物裸露的伤口上,孵化后的幼虫在宿主身上寄生,取食宿主血肉。成年肉用公牛严重感染后 10 天内会毙命。据估计,美国为此遭受的畜牧业损失每年高达 4 000 万美元。野生动物损失情况比较难测算,但肯定非常严重。螺旋蝇导致德克萨斯州多地鹿群数量急剧减少。螺旋蝇是一种热带或亚热带昆虫,主要分布在中美、南美和墨西哥,在美国通常仅局限于西南地区,1933 年前后,被意外引入佛罗里达州。该州冬天气候温暖,螺旋蝇顺利过冬并开始大量繁殖,继而蔓延到阿拉巴马

---

① 螺旋蝇(Screw-worm Fly),又称"螺旋锥蝇"、"旋丽蝇",是一种极具攻击性的食肉蝇,有橘红色眼睛的害虫,比家蝇稍微大一点。

州南部和佐治亚州,不久之后,东南各州畜牧业每年为此遭受 2 000 万美元的损失。

过去这些年,德克萨斯州农业署的科学家收集了大量关于螺旋蝇的生物学知识。1954 年,在佛罗里达若干岛屿上开展过初步试验后,尼普林博士准备全面检验自己的理论。经过同荷兰政府协商与安排,尼普林博士前往距离大陆 50 英里外的加勒比海库拉索岛。

1954 年 8 月,佛罗里达州农业署实验室养殖的绝育螺旋蝇被运送到库拉索岛,空中投放频率为每周每平方英里 400 只。实验山羊身上的螺旋蝇卵块数量几乎立刻减少,卵的能育性也开始下降。第一次投放后仅 7 个星期,所有螺旋蝇卵都无法孵化。很快,不管能不能孵化的,岛上再也找不出一个卵块。库拉索岛上的螺旋蝇被消灭殆尽。

库拉索岛实验取得的巨大成功,引起佛罗里达州牲畜饲养者的极大兴趣,他们也想用同样的办法消除螺旋蝇灾害。尽管困难明显大得多(佛罗里达州面积为库索拉岛的 300 倍),1957 年,美国农业部和佛罗里达州联合资助螺旋蝇灭除计划。该计划包括:建成专门的"苍蝇工厂"每周生产大约 5 000 万只螺旋蝇,20 架轻型飞机按照预定航线每天飞行 5 至 6 个小时,每架飞机装载一千只纸箱,每只纸箱中装有 200 至 400 只经辐射绝育处理的螺旋蝇。

1957 至 1958 年的冬天格外寒冷,佛罗里达北部温度接近零度,为计划实施创造了一个意想不到的好机会:螺旋蝇不仅数量减少且集中在一个小区域内。17 个月后,项目基本结束,共 35 亿只人工培育的绝育螺旋蝇被投放到佛罗里达州以及佐治亚州和阿拉巴马州的部分地区。最后一次因螺旋蝇造成的动物伤口感染出现在 1959 年 2 月。接下来几个星期,有几只成年螺旋蝇落入动物伤口陷阱。此后再也没有发现过螺旋蝇的踪迹。螺旋蝇在美国东南部彻底绝迹,此举彰显了科学创新的价值,基础研究的缜密精细,科学家的持之以恒与矢志不移。

现在,密西西比州设立了隔离屏障,防止螺旋蝇从其根深蒂固的西南部地区反扑。西南地区螺旋蝇根除难度非常大,不仅因为面积广阔,同时也存在从墨西哥再度入境的可能。然而,考虑到螺旋蝇可能造成的损失,农业部似乎希望能够尽快在德克萨斯州和西南部其他灾害地区推进项目,至少将螺旋蝇数量控制在最低水平。

螺旋蝇防治项目取得的辉煌战绩引起了人们极大的兴趣,想用同样的办法来控制其他昆虫。当然,该方法并非适用于所有昆虫。这一技术很大程度上取决于物种的生活习性、种群密度以及对辐射的反应。

英国已经开始尝试用该方法对付罗德西亚(津巴布韦旧称)的采采蝇。采采蝇危害非洲约 1/3 的面积,给人类健康造成巨大的威胁。大约 450 万平方英里林木繁茂的草地遭受采采蝇危害,无法进行畜牧饲养。采采蝇的生活习性与螺旋蝇迥然不同,尽管也能够进行辐射绝育,但施用该方法前仍存在需要攻克的技术难题。

英国已对大量昆虫进行了辐射敏感度测试。美国科学家在夏威夷实验室和偏远的罗塔岛,对瓜蝇、东方果蝇和地中海果蝇开展实验测试与野外测试,已取得令人振奋的初步成果。针对玉米螟和甘蔗螟的实验也在进行中。医学昆虫很可能都可以通过雄性绝育法进行控制。一位智利科学家指出,杀虫剂对该国疟蚊根本不起作用,释放绝育雄蚊才有可能彻底将其灭除。

由于辐射绝育存在明显困难，人们开始寻找更简单的替代性方法，从而激发了研究化学不育剂的热潮。

佛罗里达州奥兰多的农业署实验室里，科学家将化学药剂掺进家蝇爱吃的食物，对家蝇开展实验室和野外绝育尝试。1961年，佛罗里达礁岛群一个小岛上的试验，仅用不到5个星期的时间就几乎全部消灭了岛上的苍蝇。当然，附近岛屿飞来的苍蝇造成再度繁殖。但作为一个试点，该项目无疑非常成功。因此不难理解，农业部对该方法的前景所表现出的欣喜。首先，如我们已知，杀虫剂对家蝇已经完全失效。寻找全新的控制方法势在必行。而辐射绝育法的问题在于，绝育雄性昆虫不仅需要人工培育，其投放数量还要超过现有野生雄性。这种方法对螺旋蝇具有可操作性，因为螺旋蝇实际数量并不大。但对于家蝇来说，即便只是暂时性数量增加，投放两倍以上的绝育雄蝇的举措也必定会招致强烈的反对。然而，化学绝育剂则可以掺进饵料食物投放入苍蝇的自然环境，苍蝇吃了这种食物就会绝育。一段时间之后，绝育苍蝇就能够在数量上占优势，进而导致整个族群渐渐消亡。

化学绝育剂试验比有毒化合物试验更难操作。尽管可以同步展开多项测试，但是一种化学药品的评估期往往需要30天。1958年4月到1961年12月，科学家在奥兰多实验室筛查了数百种化学药剂的绝育效果。尽管只筛查出为数不多的几种化学药剂，农业部似乎已经非常满意。

农业部的其他实验室也纷纷开始进行化学药剂测试，测试对象包括厩螯蝇、蚊子、象鼻虫和各种果蝇。这些工作虽然仍处于实验阶段，不过相对于其开始的时间，发展已经相当迅速。从理论上来说，化学绝育剂具有很多吸引人的特性。尼普林博士指出，昆虫化学绝育剂的效果"很容易超过那些最好的杀虫剂"。假设有一种昆虫数量为 100 万只,每繁衍一代就会扩张到原先的 5 倍。假设有一种杀虫剂,能够消灭每代昆虫中的 90%,那么第三代后仍有 12.5 万只。相比之下,如果使用令 90% 的昆虫绝育的化学药剂,三代后就只剩下 125 只。

当然,我们也需要警惕问题的另一方面:其中有些绝育剂是烈性化学药剂。幸运的是,至少从研究伊始,大多数研究者似乎就有应该寻找安全化学药剂和安全使用方法的意识。然而,还是不时有人建议,从空中喷洒这些化学绝育剂,比如洒向遭舞毒蛾幼虫啃食的植物叶子。但是,我们必须谨记,任何不预先开展全面危害分析就贸然采取行动的做法,都极度不负责任。如果不时刻将化学绝育剂的潜在危害谨记于心,我们很容易就会陷入比滥用杀虫剂更可怕的境地。

目前测试的绝育剂通常分为两类,其发挥作用的方式都非常有意思。第一种绝育剂与细胞的生命进程或新陈代谢密切相关。也就是说,绝育剂与细胞或组织需要的某种物质非常相似,生物体"误以为"它们是真正的代谢物,纳入正常生长过程。但到某一具体环节就会出问题,导致生命进程终止。这类化学药剂被称为抗代谢药。

第二种绝育剂的作用对象是染色体,很可能通过对基因的化学物质产生影响,导致染色体破裂。这类化学绝育剂是烷化剂,具有极强的化学活性,能够严重破坏细胞,损伤染色体并造成突变。伦敦市切斯特·比蒂研究所的彼得·亚历山大博士认为:"任何能造成昆虫绝育的烷化剂,一定会是强效诱变剂和致癌物。"亚历山大博士认为,任何将此类化合物用于昆虫防治的企图都将"遭到最严厉的反对"。因此,我们希望,目前的实验不是为

了直接使用这些化学物质,而是为了经由这些化学物质找到安全而针对性
强的其他物质。

当前研究中最值得关注的方面,是利用昆虫自身习性,研究对付它们的
武器。昆虫会释放出各种毒液、引诱剂和驱避剂。这些分泌物的化学性质
如何?我们是否可能将其用作选择性杀虫剂?康奈尔大学和各地的科学家
正在研究昆虫应对捕食者攻击的防御机能,分析昆虫分泌物的化学结构,尝
试寻找上述问题的答案。还有一些科学家正在研究防止昆虫在发育到某一
阶段时发生异变的强效物质,即所谓的"保幼激素"①。

在对昆虫分泌物的探索中,最有用的发现或许是引诱剂的发明。大自
然再一次为我们指明了方向。舞毒蛾是个特别有意义的例子。雌性舞毒蛾
身形笨重飞不起来,只能在地面或近地面的地方生活,在低矮植被间穿梭或
在树干上爬行。相反,雄性舞毒蛾飞行能力很强。它们受到雌蛾特殊腺体
释放的香味吸引,能够从很远的地方飞过来。多年来,昆虫学家一直利用舞
毒蛾的这一习性,努力从雌蛾体内提取性引诱剂。随后,人们将提取的引诱
剂用在昆虫分布地带边缘引诱雄蛾,以便进行数量统计。然而,这种做法耗
资巨大。尽管东北部各州都宣称遭遇舞毒蛾灾害,其数量仍不足以提取所
需要的引诱剂。人们不得不从欧洲进口手工采集的雌蛾蛹,有时一只雌蛾
蛹价格可达 0.5 美元。农业部的化学家经过多年努力,最近成功分离出引

---

① 保幼激素,又称返幼激素,保持昆虫幼虫性状和促进成虫卵巢发育的激素,来源于咽
侧体,已经从鳞翅目昆虫中分离出 4 种保幼激素,分别命名为保幼激素 0,保幼激素 1,保幼激素
2,保幼激素 3。

诱剂,堪称一项巨大的突破。继此之后,科学家又成功地从蓖麻油中提取成分制成一种效果近似的合成物质。该物质不仅可以引诱雄蛾,而且具有与雌蛾分泌物完全等同的引诱效果。只需要在捕虫器中放入微克合成物质,就能够产生引诱效果。

这一切的价值远超学术范畴,因为这种新的、经济的"舞毒蛾诱剂"①不仅可以用于昆虫数量统计调查,还能够用于昆虫防治。现在,人们正在对它的几种更具吸引力的潜在用途进行测试。在一项称作心理战的试验中,人们将引诱剂掺进一种颗粒材料后进行空中投放。此举的目的在于迷惑雄蛾并干扰其正常行为,使其无法在药剂香味的干扰中识别并准确找到雌蛾。旨在引诱雄蛾与假雌蛾交配的试验中,也用到了这一方法。在实验室中,只要浸过适量引诱剂,不管是木片、蛭石或者其他物品,雄蛾都会试图与之交配。改变雄性舞毒蛾交配本能,是否可以遏制其孕育,从而减少族群数量,尚有待实验证明,不过这将会提供一种有趣的可能性。

舞毒蛾引诱剂是第一种人工合成的性引诱剂,其他引诱剂或许很快也会出现。人们正在研究大量农业昆虫,以探索制造同效引诱剂。针对小麦瘿蚊和烟草天蛾的研究已取得了令人振奋的成果。

人们正尝试将引诱剂和毒药混合在一起,用以进行多种昆虫的控制。政府部门的科学家研制出一种名叫"丁香酚甲醚"的引诱剂,雄性东方果蝇和瓜蝇对该药剂完全没有抵抗能力。在距离日本南端450英里的小笠原群岛上,人们将丁香酚甲醚与一种毒药混合进行试验,将浸满这两种化合物的

① 即后来广为人知的诱杀雄舞毒蛾的性引诱剂,普遍称作"树虫杀"。

纤维板碎片空投向整个岛链,吸引并杀死雄性苍蝇。该"雄蝇灭杀"计划始于 1960 年,一年后,据农业部估算,超过 99% 的苍蝇被灭杀。这一做法比之传统的大范围农药喷杀具有明显的优越性。它所用的有机磷毒素仅黏附在纤维片上,不会被野生动物吞食。而且,有机磷毒素残留能够迅速挥发,不会对土壤或水源造成污染。

然而,并非所有昆虫都是通过相互吸引或排斥的气味实现交流。声音也可能成为报警或吸引的手段。有些飞蛾能够听到蝙蝠飞行中发出的持续超声波(像雷达系统一样在黑暗中导航),使其能够避开蝙蝠捕捉。一些锯蜂蛴螬听到寄生蜂振翅飞近的声音会聚拢在一起互相保护。另一方面,某些钻蛀类害虫发出的声音能够令寄生虫循声找到它们。对雄蚊来说,雌蚊振翅的声音极具诱惑。

我们能够利用昆虫对声音的探测和反应做些什么?虽然目前仍在实验阶段,但非常有趣的是,通过反复播放雌蚊振翅声吸引雄蚊的试验已取得初步成功。受到诱惑的雄蚊会飞到电网上被电死。加拿大正在测试超声波对玉米螟和糖蛾的驱避效用。夏威夷大学动物声音研究权威休伯特·弗林斯和梅布尔·弗林斯教授认为,只要能够正确运用现有的关于昆虫声音输出与接收的知识,就一定能够找到通过声音干扰动物行为的野外控制方法。声音的驱避作用比引诱作用的应用前景更大。两位教授经研究发现,椋鸟听到同伴痛苦尖叫声的录音后,会受到惊吓四散逃开。两位教授的发现在业界非常有名。该发现也可能适用于昆虫。对实干的工业人士而言,可能性就意味着可操作性,至少有一家大型电子公司已经准备建立实验室开展测试。

科学家也已经开始研究直接用声音灭杀昆虫。超声波能够杀死实验水箱内的所有蚊子幼虫，但同时也会杀死其他水生生物。在其他实验中，空气中的超声波数秒内就能消灭绿头苍蝇、粉虱和黄热病蚊。所有这类实验只是迈向昆虫防治新理念的第一步。有朝一日，神奇的电子科技会将这一切变为现实。

新的生物防控方法并非一味依赖电子科技、伽马射线和其他人类发明。有些方法源自古代，其原理是昆虫像人类一样也会得病。细菌感染可以像从前的瘟疫一样横扫昆虫族群，在病毒的侵袭下，大批昆虫感染、死亡。早在亚里士多德之前，人们就知道昆虫会生病。中世纪的诗文中有过关于桑蚕疾病的记录。而巴斯德也是通过研究桑蚕疾病，率先提出了传染病原理。

昆虫不仅会受到病毒和细菌的侵扰，还会受到真菌、原生动物、微小蠕虫以及人类肉眼无法看到的其他微生物的影响。这些微生物基本可算作人类的盟友。微生物并非仅指病原体，还包括那些能够分解废物，肥沃土壤，以及参与发酵、硝化等生物过程的微生物。我们为什么不利用它们帮助进行昆虫防治？

19 世纪的动物学家埃利·梅契尼科夫[①]是最早想到微生物防治的人。从 19 世纪最后十年到 20 世纪上半叶这段时间，微生物防治理念日臻成形。

---

① 埃利·梅契尼科夫（Elie Metchnikoff, 1845—1916），苏联科学家，致力于细胞吞噬理论研究。1900 年，梅契尼柯夫发表《二十年来对传染病的免疫性研究》一文，系统论述人体白细胞和肝、脾内及细胞吞噬微生物的特性，正式提出噬菌细胞免疫学说，因此与保罗·埃尔利希同获 1908 年诺贝尔生理学或医学奖。

20世纪30年代末,利用病原菌芽孢引起的乳白病(乳样病)成功控制了日本金龟子,首次确证可以通过向昆虫引入疾病对其进行控制。诚如本书第七章所言,这一细菌防治典范在美国东部有着悠久的历史。

现在,人们对另一种细菌,即苏云金芽孢杆菌寄予厚望。1911年,德国中部图林根省发现,该细菌会导致粉蛾幼虫患染致命的败血症。事实上,该细菌的致命之处不在于引发疾病,而在于其所具有的毒性。该细菌芽杆内产生的芽孢和伴孢蛋白质晶体对某些昆虫尤其鳞翅目幼虫有剧毒。只要食用喷洒过这一毒素的植被,幼虫立刻就会被麻痹,停止进食,进而很快死亡。从实用角度考虑,该病菌一经投用能立刻终止昆虫进食,无疑是个巨大的优势,也就是说只要投用该病原菌就能够立刻终止农作物损害。现在,美国好几家企业都在生产不同品牌的苏云金杆菌孢子化合物。不少国家都在开展野外测试:法国、德国对菜粉蝶幼虫开展试验,南斯拉夫对美国白蛾开展试验,苏联对天幕毛虫开展试验。巴拿马的相关测试始于1961年,该细菌杀虫剂有望解决蕉农正在遭遇的若干种严重虫害。根蛀虫对香蕉造成的危害非常大,根部遭其啃食的香蕉树很容易被风刮倒。狄氏剂曾是唯一有效的根蛀虫杀虫剂,却引发了一系列灾难。根蛀虫也开始产生抗药性。狄氏剂还同时杀死了其他一些重要的捕食性昆虫,导致香蕉弄蝶数量增加。香蕉弄蝶短小、体硕,幼虫卷结叶片、食害蕉叶。人们自然期待有一种新型活体微生物杀虫剂,能够一举灭除根蛀虫和香蕉弄蝶而又不破坏自然平衡。

在加拿大和美国的东部林区,细菌杀虫剂也许是对付云杉食心虫和舞毒蛾等森林害虫的重要手段。1960年,这两个国家开始进行苏云金芽孢杆菌商业试剂的野外测试。初期试验结果鼓舞人心。例如,佛蒙特州的细菌防治效果堪比 DDT。其中涉及的主要技术问题是找到一种能够用作载体的溶液，将细菌孢子黏到常青树针叶上。农作物可以用粉尘作载体，因此不存在这一难题。人们已经开始在各种蔬菜上尝试使用细菌杀虫剂，加州的试用情况相当普遍。

同期，还有一个不那么引人注目的工作是与病毒有关的。加州不少地方在苜蓿苗田中喷洒了一种灭杀苜蓿粉蝶的物质——从苜蓿粉蝶尸体中提取的剧毒病毒制成的溶液，毒性与杀虫剂不相上下。五只苜蓿粉蝶尸体中提取的病毒足以喷洒一英亩苜蓿苗田。加拿大的一些林区已经证实，一种能够有效影响松叶蜂的病毒在控制效果方面超过了杀虫剂。

捷克斯洛伐克的科学家正在尝试用原生动物①防治结网毛虫和其他害虫。在美国，人们用原生动物寄生虫来遏制玉米螟的产卵能力。

有些人一听到微生物杀虫剂，脑海里可能立刻会浮现出危害其他生命的细菌战场景。事实并非如此。与化学药剂不一样，昆虫病原仅对目标昆虫有害，对其他一切都无害。昆虫病理学权威爱德华·斯泰因豪斯博士强调说："无论在实验室还是在野外，从来没有过一例昆虫病原导致脊椎动物患上传染病的确切记录。"昆虫病原靶向性非常强，只会感染少数几种昆虫，有时能够仅针对一种昆虫有效。从生物学上讲，它们不属于能够导致高等动物或植物患病的生物体。斯泰因豪斯博士同时指出，从本质上来说，昆虫疾病爆发只会在昆虫中传播，既不会影响宿主植物，也不会影响以其为食

---

① 原生动物是动物界最原始、最简单、最低等的动物，主要特征是身体由单个细胞构成，因此也称为单细胞动物，原生动物门种类约有 30 000 种。

的动物。

昆虫的自然天敌有很多种,既有多种微生物,也有其他昆虫。伊拉斯谟斯·达尔文[①]在 1800 年前后就提出了通过培养昆虫的天敌进行昆虫防治的构想,因此被普遍认为是天敌昆虫害虫防治法的最早倡议人。或许因为该生物控制法提出的时间最早,人们已经普遍接受了用一种昆虫控制另一种昆虫的理念,就误以为这是化学药剂的唯一替代方法。

在美国,真正意义上的传统生物防治法可以追溯到 1888 年。当时,昆虫学家纷纷前往澳大利亚寻找天敌昆虫,以灭杀严重危害加州柑橘业的吹绵蚧。艾伯特·科贝利便是浩浩荡荡的探险大军的一员。本书第十五章提到过,该计划取得了举世瞩目的成就。在接下来的一个世纪里,人们遍搜自然天敌,用来扼杀加州海岸的"不速之客"吹绵蚧,先后引进了大约 100 种捕食性昆虫和寄生性昆虫。除科贝利引进的澳洲瓢虫外,其他进口昆虫项目也都非常成功。一种从日本引入的黄蜂能够彻底控制危害东部苹果园的一种昆虫。人们盛赞说,斑点紫花苜蓿蚜虫(一种不慎从中东引入的昆虫)的几种天敌昆虫拯救了加州的苜蓿产业。寄生性和捕食性昆虫防治舞毒蛾效果良好。春臀钩土蜂控制日本金龟子效果也很好。据估计,介壳虫与粉蚧的生物防治每年可以为加州挽回数百万美元的损失。事实上,该州著名昆虫学家保罗·德巴赫曾估计,一项投入 400 万美元的生物防治能够为加州赢得 1 亿美元的回报。

---

① 伊拉斯谟斯·达尔文(Erasmus Darwin,1731—1802),英国医学家、诗人、发明家、植物学家与生理学家,进化论创始人查尔斯·达尔文的祖父。

　　世界上大约 40 个国家都曾有过进口天敌昆虫,进行害虫控制的成功先例。与化学药物相比,此类控制办法优势非常明显:成本较低廉,能够实现永久防控,不会造成毒素残留。然而生物防治手段却长期缺乏政策支持。事实上,加州是美国唯一正式启动生物防治项目的州,许多州连一个全心投入该类项目的昆虫学家都没有。或许由于缺乏政策支持,一些天敌昆虫生物防治项目在实施时缺乏最基本的科学严密性,不仅缺乏生物防治影响害虫种群数量方面的精确研究,也没有天敌昆虫准确投放量相关的研究,而后者往往决定着防控效果的成功与否。

　　捕食昆虫和被捕食的昆虫不会孤立存在,它们都是巨大的生命网络的一部分,网络中的一切因素都需要考虑在内。传统生物防治方法可能对森林害虫防治更有效。现代化农业中,农田高度人工化,迥异于过去的自然状态。森林则更接近于自然环境,人类只要尽可能减少干预,必要时假以些微帮助,大自然就能够自行建立起一个美妙而复杂的控制与平衡系统,保护森林免受昆虫过度之害。

　　美国林业人员似乎只想得到引入捕食性昆虫、寄生性昆虫这样的生物防治方法。加拿大人的视野要开阔许多,一些欧洲人则更了不起,他们发展了令人惊讶的"森林卫生"科学。在欧洲林业人员看来,鸟类、蚂蚁、森林蜘蛛、土壤细菌和树木一样,都是森林的重要组成部分。他们会在新林区统筹考虑这些保护性因素。首先采取措施吸引鸟类。在现代集约化培育林业的时代,从前的空心树消失了,啄木鸟和其他在树上营巢的鸟类因此失去了栖身之所。鸟巢箱能够弥补这一缺憾,吸引鸟类重返森林。还有一些专门为猫头鹰和蝙蝠设计的巢箱,便于它们在夜间接替各类小鸟的日间工作,继续

捕捉昆虫。

但这仅仅是个开始。欧洲森林最令人着迷的生物防治是利用森林红蚁这种攻击力强的捕食性昆虫。不幸的是，北美地区没有该红蚁品种。大约二十五年前，德国维尔茨堡大学的卡尔·格斯瓦尔德教授研究出培育森林红蚁、发展蚁群的方法。在他的指导下，人们在德国境内约 90 个试验区培育出 10 000 多个森林红蚁群。意大利和其他一些国家纷纷采用格斯瓦尔德博士的方法，建成蚂蚁农场，培育红蚁群用于森林投放。在亚平宁山区，人们已经培育了数百个红蚁群用来保护再造林①。

德国默尔恩市的林业官员海因茨·鲁伯特霍芬博士说："只要森林中同时具有鸟类和蚂蚁的保护，再加上一些蝙蝠和猫头鹰，就基本能够改善生态平衡。"鲁伯特霍芬博士认为，引入单一类型的捕食者或寄生虫进行防治，效果比不上各种"森林伙伴"的大联动。

人们在默尔恩森林拉起了铁丝网，保护新投放的红蚁群，避免被啄木鸟啄食，导致数量的损失。推行这一保护措施的试验区，十年中啄木鸟数量增加了四倍，不仅未造成红蚁群数量大幅下降，反而由于啄木鸟啄食树木蛀虫，取得出人意料的好结果。照料蚁群和鸟巢箱的大部分工作由当地学校 10 至 14 岁的孩子组成的青年团承担。这样的做法成本低廉，却能够实现对森林的永久保护。

鲁伯特霍芬博士研究工作的另一个有趣特点是其对蜘蛛的利用，可谓

---

① 再造林，通常是指森林或林地经人为砍伐殆尽之后，通过自然或人为的方式，使其再次成林的过程。

开风气之先。现存关于蜘蛛分类及其自然历史的大量文献,分散而零碎,完全没有对蜘蛛生物在生物控制方面的价值的相关论述。目前已知 22 000 种蜘蛛中,760 种原生德国(约 2 000 种原生美国)。德国森林中栖居着 29 种蜘蛛。

在林业人员看来,蜘蛛最重要的特点在于其所编织的网。圆网蛛①最为重要,其中有些圆网蛛织结的网眼非常细密,能够捕捉所有飞虫。十字金蛛②织成的大网(直径可达 16 英寸)上有约 12 万个黏性网结。一只蜘蛛在其 18 个月的生命中平均可以消灭 2 000 只昆虫。一个生态健康的森林每平方米应该有 50 到 150 只蜘蛛。如果低于这个数值,可以通过收集和投放卵囊进行弥补。鲁伯特霍芬博士说:"三只横纹金蛛③(美洲也有此类蜘蛛)卵囊可以孵出 1 000 只蜘蛛,能够捕捉 20 万只飞虫。"春天孵出的小圆网蛛格外重要。鲁伯特霍芬博士说:"因为它们会在树梢上集体结织出一个伞状保护网,保护树梢新芽免遭飞虫侵食。"随着小蜘蛛蜕皮长大,蜘蛛网也越来越大。

加拿大生物学家依循德国的研究框架开展了调查研究,尽管北美森林多属天然林而非人造林,能够维系森林健康的物种也与德国有所不同。加

---

① 圆网蛛(Wheel-net Spider)体型很小,是欧洲地区一种较为常见的蜘蛛,最著名之处在于能够编织出车轮般圆圆的网。

② 全称为圣安德鲁十字金蛛(St Andrew's Cross Spider),因所结之网带有"X"图案而得名,在我国很多地方称作"长圆金蛛"。

③ 横纹金蛛(Wasp Spider),被称为"会写英文的蜘蛛",主要分布于欧洲中至北部、北非及亚洲部分的一种丝网蜘蛛。织出的圆网半径可达 1.5 米,吐出的蛛丝酷似英文字母,能够增强反射,吸引猎物扑上网后便于捕捉。

拿大人将研究焦点放在小型哺乳动物上，它们对某些昆虫，特别是林间排水透气性能较好的土壤中生活着的昆虫，有着十分惊人的防治效果。其中一种昆虫就是锯蜂，它之所以得此名，是因为雌蜂的产卵器很像锯子，用以切开常青树的针叶，并将卵产入其中。蝤蟒孵化后会掉到地面，在落叶松、云杉或松树的腐叶层形成蜂茧。然而，森林地底下是一个蜂巢一般的世界，纵横交错着白足鼠、田鼠和各种鼩鼱等小型哺乳动物挖掘的甬道。在这些小掘穴动物中，贪吃的鼩鼱消耗的锯蜂蛹茧数量最多。它们会用前脚压住蛹茧，咬开末端食吃。这些鼩鼱具有奇特的本领，能够识别哪些蛹茧是空的哪些是实的。鼩鼱胃口很大，无可匹敌。一只田鼠一天能吃掉大约 200 个锯蜂蛹茧，而有的鼩鼱一天可以吞掉 800 个蛹茧。实验室研究显示，鼩鼱能够消灭掉 75% 至 98% 的锯蜂蛹茧。

难怪纽芬兰岛上的人们如此喜欢这些能干的小哺乳动物。岛上饱受锯蜂侵害，由于没有原生鼩鼱，1958 年人们尝试引入最强劲的锯蜂捕食天敌：中鼩鼱。1962 年，加拿大官方报告说此举大获成功。中鼩鼱不断繁殖，向岛上各处扩散。有些做过标记的中鼩鼱甚至出现在距离投放点 10 英里远的地方。

对于希望能永久地保护森林，加强自然平衡的林业人员而言，可选用的武器非常丰富。利用化学药剂防治森林害虫，往好里说，是一个无法真正解决问题的权宜之计；往坏里说，这一做法会毒死森林小溪中的鱼群，导致各种虫灾，破坏自然控制，毁掉我们试图开展的各类防治工作。鲁伯特霍芬博士说过，这些暴力手段"导致森林生态关系彻底失衡，寄生性虫灾日益频繁……因此，我们必须终止使用非自然的手段去操纵对我们而言最重要，也几乎是硕果仅存的自然生存空间"。

为了解决人类与其他生物共享地球家园的问题,我们提出了各种富有想象力和创造性的新方法,其中贯穿着一个永恒的主题:我们应当意识到自己面对的是生命,是活生生的生物种群。它们面对压力时会产生抗压力,会繁荣也会衰减。只有充分考虑到这些生命力量,小心谨慎地引导它们朝着有利于人类的方向发展,才有可能实现人类与昆虫的和谐共处。

滥用化学毒药的做法完全没有考虑到这些最根本的问题。肆意洒向生命机体的化学毒药,像山顶洞人挥舞的棍棒一样原始粗暴。一方面,这些生命机体纤弱、易被毁灭;另一方面,它们又具有奇迹般的韧性和复原能力,能够用出乎意料的方式反击。滥用化学防治的人缺乏"高尚的目标",缺乏面对万物的敬畏之心,忽视了生命机体的卓绝能力。

"控制自然"是人类傲慢自大的想法,是生物学与哲学低级阶段的产物。在过去,人们认为自然应当服务于人类的存在。而应用昆虫学的观念和做法也多半源自科学的启蒙时代。可怕的是,如此蒙昧的科学竟然与最可怕的现代武器联手,人类利用它们来毁灭昆虫,也会毁灭整个地球。

译后记

三十多年前,第一次翻开《寂静的春天》时的情景依然真切:一种奇怪的寂静笼罩着小镇。鸟儿不知道飞到哪里去了?许多人谈起鸟儿感到迷惑、不安。不再有鸟儿光顾后园里的饲食器。见到的少数几只鸟大多气息奄奄,浑身不停颤抖,飞不起来。春天变得无声无息。……寂静笼罩着田野、树林和沼泽地。一口气读完整本书,虽然并不全懂书中的概念和术语,但当时的震撼与莫名愤怒让我知道生平第一次有了"环保"的概念。

翻译《寂静的春天》既是对少年时代初读此书,萌生环保意识的持续回应,也是对从教二十多年来一次次引领学生细读文本,养成环保意识的学术刻印。在此过程中,梅蔚曾将《寂静的春天》后七章作为翻译硕士论文的实践文本,展开翻译评估分析;鄢宏福、郭薇曾与我就《寂静的春天》中所能适用的翻译理论有过深入的讨论;陈默曾帮我查询资料,克服理解中可能出现的谬误;2017级的翻译硕士生曾依托《寂静的春天》开展"翻译批评与鉴赏"的课程学习。在此一并感谢这些与我一同关注文本的修辞之美与翻译之难的博硕士研究生。

辛红娟

经典译林

Yilin Classics

书名	单价	ISBN 号
钢铁是怎样炼成的	26.00 元	9787544762519
鲁滨孙飘流记	21.00 元	9787544760775
基度山恩仇记	45.00 元	9787544711661
简·爱	28.00 元	9787544760843
傲慢与偏见	25.00 元	9787544761697
飘（上、下）	68.00 元	9787544768504
少年维特的烦恼	18.00 元	9787544762502
羊脂球	25.00 元	9787544760904
麦田里的守望者	28.00 元	9787544749398
希腊古典神话	36.00 元	9787544768597
格列佛游记	21.00 元	9787544760782
海底两万里	26.00 元	9787544760874
小王子	18.00 元	9787544761857
老人与海	20.00 元	9787544761680
名人传	25.00 元	9787544760850
昆虫记	28.00 元	9787544768559
伊索寓言全集	26.00 元	9787544768757
童年·在人间·我的大学	29.80 元	9787544711050
汤姆·索亚历险记	20.00 元	9787544761017
巴黎圣母院	27.00 元	9787544761024
纪伯伦散文诗经典	29.80 元	9787544710756
美妙的新世界	18.00 元	9787544710787
猎人笔记	28.00 元	9787544768795
被侮辱与被损害的人	22.00 元	9787544711685
飞鸟集	25.00 元	9787544761031

一九八四	19.50 元	9787544711647
天方夜谭	29.80 元	9787544711692
变形记 城堡	22.00 元	9787544712200
尤利西斯	58.00 元	9787544712736
荆棘鸟	45.00 元	9787544768818
莎士比亚喜剧悲剧集	38.00 元	9787544768726
福尔摩斯探案	29.80 元	9787544768719
呼啸山庄	24.00 元	9787544762540
耻	20.00 元	9787544713771
苔丝	28.00 元	9787544714426
爱的教育	32.00 元	9787544768580
最后一课	18.50 元	9787544714419
静静的顿河	98.00 元	9787544713917
地心游记	23.00 元	9787544761598
安徒生童话选集	29.80 元	9787544768689
雾都孤儿	35.00 元	9787544768696
罗马神话	16.80 元	9787544711722
变色龙	29.80 元	9787544768733
安娜·卡列尼娜	49.00 元	9787544740883
格林童话全集	36.00 元	9787544768573
绿山墙的安妮	24.00 元	9787544761048
十日谈	38.00 元	9787544714280
罗生门	23.80 元	9787544714440
汤姆叔叔的小屋	29.80 元	9787544768740
悲惨世界 (上、下)	68.00 元	9787544714334
约翰·克利斯朵夫 (上、下)	65.00 元	9787544714891
战争与和平 (上、下)	78.00 元	9787544768702
我是猫	29.80 元	9787544768771
红与黑	35.00 元	9787544768566
欧·亨利短篇小说选	23.00 元	9787544760867
圣经故事	35.00 元	9787544768825

八十天环游地球	20.00 元	9787544760881
神曲 (共三册)	68.00 元	9787544714853
茶花女	26.00 元	9787544768542
百万英镑	28.00 元	9787544760898
堂吉诃德	62.00 元	9787544714877
瓦尔登湖	28.00 元	9787544768764
培根随笔全集	28.00 元	9787544768788
古希腊悲剧喜剧集 (上、下)	69.80 元	9787544711708
大卫·科波菲尔 (上、下)	65.00 元	9787544769068
牛虻	28.00 元	9787544717359
假如给我三天光明	25.00 元	9787544768511
高老头	29.80 元	9787544768856
三剑客	38.00 元	9787544731560
复活	29.80 元	9787544740555
呐喊	23.00 元	9787544768528
朝花夕拾	22.00 元	9787544768535
城南旧事	23.00 元	9787544768801
背影	19.00 元	9787544735575
菊与刀	24.00 元	9787544750707
富兰克林自传	25.00 元	9787544750691
理想国	29.00 元	9787544750684
热爱生命·海狼	28.00 元	9787544754729
繁星·春水	18.00 元	9787544757409
边城	25.00 元	9787544757416
包法利夫人	28.00 元	9787544755627
沉思录	22.00 元	9787544759649
林肯传	28.00 元	9787544759960
人性的弱点	28.00 元	9787544759977
宽容	32.00 元	9787544760492
查拉图斯特拉如是说	38.00 元	9787544759793
拿破仑传	38.00 元	9787544759809

物种起源	42.00 元	9787544765022
欧也妮·葛朗台	22.00 元	9787544768238
小妇人	45.00 元	9787544766784
人类群星闪耀时	29.80 元	9787544766906
骆驼祥子	22.00 元	9787544764254
镜花缘	39.00 元	9787544771603
谈美	26.00 元	9787544772013
谈美书简	28.00 元	9787544772006
白洋淀纪事	32.00 元	9787544772617
童年	38.00 元	9787544762168
中国哲学简史	48.00 元	9787544771580
寂静的春天	35.00 元	9787544773430